史上最牛最酷的成功学

颠倒看世界

从复杂到简单，从离谱到正常，从失败到成功
你，只需要华丽丽地颠倒一下！

苏木禄◎编著

★★★★★
出版人的良知，五颗星的品质

企业管理出版社
ENTERPRISE MANAGEMENT PUBLISHING HOUSE

图书在版编目（CIP）数据

颠倒看世界：史上最牛最酷的成功学/ 苏木禄编著. —北京：企业管理出版社，2012.8

ISBN 978－7－5164－0117－0

Ⅰ.①颠… Ⅱ.①苏… Ⅲ.①成功心理—通俗读物 Ⅳ.①B848.4－49

中国版本图书馆 CIP 数据核字（2012）第 172641 号

书　名：	颠倒看世界：史上最牛最酷的成功学
作　者：	苏木禄
责任编辑：	宋可力
书　号：	ISBN 978－7－5164－0117－0
出版发行：	企业管理出版社
地　址：	北京市海淀区紫竹院南路 17 号　邮编：100048
网　址：	http：//www.emph.cn
电　话：	编辑部（010）68453201　　发行部（010）68701638
电子信箱：	80147@sina.com　zbs@emph.cn
印　刷：	北京中新伟业印刷有限公司
经　销：	新华书店
规　格：	710mm×1000mm　1/16　16 印张　200 千字
版　次：	2012 年 11 月第 1 版　2013 年 1 月第 2 次印刷
定　价：	29.90 元

版权所有　翻印必究·印装有误　负责调换

前言

要想知道，打个颠倒

中国的很多家长吓唬不好好读书的孩子时，总爱说："不好好学习，以后去拉板车。"有些孩子被吓住了，一门心思背书考试；还有一些孩子照样不喜欢读书，小小年纪就到社会上闯荡。多年之后，人们惊奇地发现，很多没有好好学习的孩子并没有去拉板车，而是靠做生意发财、靠炒股赚钱；而那些好好读书的孩子，虽然没有拉板车，却也未必过得很好。

于是，有人感慨：造化弄人；有人愤怒：读书无用；甚至有些人哀号：这个世界不公平。其实，这个讽刺的事实给我们最大的启示是：很多问题，需要我们颠倒过来思考。蒙牛老总牛根生曾经公开表示，有两句话让他终生难忘，第一句是"吃亏是福，占便宜是祸"，第二句是"要想知道，打个颠倒"。

有个经典故事可谓妇孺皆知，但不少人还是免不了重蹈覆辙。一位青年画家请教大画家门采尔："我作一幅画只用一天的时间就够了，为什么卖掉它却要用上一年的时间？"门采尔反问道："你为什么不倒过来试试？"

曾国藩所率湘军与太平天国军作战，连吃败仗。幕僚草拟奏章，中有"屡战屡败"字样。曾国藩大为不悦，提笔改为"屡败屡战"。同样两词，顺序一换，战无不败的颓唐之师就变成了百折不挠的威武之师。

两个故事，一个道理：要想知道，打个颠倒。不管螺丝怎么设计，正向拧不开的时候，反向必定拧得开。山重水复，此路不通的时候，换换位，换换心，换换向，往往豁然开朗，柳暗花明。

有人说世界是平的，是吗？山不是凸在那里吗，峡谷不是凹在那里吗，谁能在原始森林或者大沙漠中如履平地？世界从来都不是平的，就算陆地平了，海洋也不答应。

有人说两点之间直线最短，是吗？北极和南极之间根本就没法画条直线，"直达"的航班航线也都是弯的。你必须学会推翻最初灌输给你的那些理念，否则你只能钻进死胡同。

这本书就是要告诉你这个道理，世界不是平的，世界是颠倒的，是花里胡哨的，是光怪陆离的，是乱花渐欲迷人眼的。臭皮匠与诸葛亮之间有什么区别？一提到箭，臭皮匠想到的是砌多少铺子，砍多少竹子，铸多少模子；诸葛亮想到的是"草船借箭"。这就是颠倒的力量，打破思维定势，换角度看问题，多问几个为什么，抛弃那些"想当然"。看似山穷水尽的地方，转过身去就是世外桃源；看似风平浪静的海面，也许藏着暗涌潜流。《颠倒看世界——史上最牛最酷的成功学》帮你推翻这些最容易扰乱视线、束缚思路的伪命题，开拓一个新天地。

目录

前　言　要想知道，打个颠倒……………………………………………… 1

第一章　颠倒看世界——假如世界是太平的，还要警察做什么…………… 1

　　　人在幼年时期，都会被大人灌输一些比较正统的思想，比如：好好学习以后可以挣大钱，努力了就会取得成功，好心一定能够有好报，等等。可是，随着年龄的增长，阅历的增加，我们逐渐发现一些"颠倒"的现象。

　　为什么那些"不如你"的人反倒成功了……………………………… 3
　　虽不以成败论英雄，事实还是成王败寇…………………………… 5
　　没有绝对的公平，只有相对的交换………………………………… 9
　　你就是你，谁的成功你也复制不了………………………………… 12
　　说自己笨的人最聪明………………………………………………… 15
　　朽木不可雕，或许可以"镂"……………………………………… 19
　　知足常乐却乐不长…………………………………………………… 22
　　得寸进尺才能步步高升……………………………………………… 25
　　事情要做"对"，更要做"顺"…………………………………… 29

第二章　颠倒看人品——他们卖了你，还让你数钱………………………… 33

　　　面对人品问题，你应该颠倒过来思考：对待诚实的人就要诚实，对待欺骗的人不妨虚晃一枪；对待老实的人你就老实，对待奸诈的人，你也无需做圣人君子状。人固然要有自尊，但

— 1 —

目录

是不能死要面子活受罪。

道德包袱背太多，你是"剩"人而非"圣人"……………………35
诚实是美德，但说谎的结果有时更美……………………………37
无私不一定对，自私不一定错……………………………………40
要想有头有脸，就先拉下面子……………………………………44
与人为善，有时更要伪善…………………………………………47
言出亦可不必行……………………………………………………50
做个有野心、有缺点、有手腕、有争议的"四有新人"…………53

第三章 颠倒看理想——别跟我谈理想，戒了……………………59

每个人都有过若干不靠谱的理想，幼年时要当科学家、教授和大老板，但是绝大多数人都中途放弃了。一方面是因为想得多，一方面是因为想得少——假大空的东西想得多，切实可行的东西想得少。

理想就得理性地想，胡思乱想是幻想…………………………61
过早的人生目标就像早恋，很少有圆满的结局………………64
用理想忽悠你的人，意在让你替他的理想卖命………………67
用青春赌来的明天更精彩………………………………………70
兴趣有时不是最好的老师………………………………………74
可以说"事在人为"，不要说"人定胜天"……………………77
失败或因想象太多，或因缺乏想象……………………………79

目录

不在其位，亦谋其政……………………………………………83

第四章　颠倒看心态——失败不是你的错，执迷不悟就是你不对……………87

　　一句"要出名趁早"，让无数青少年竞折腰。其实，只有天才能早出名，其他的人只能靠勤学苦练。而且，你勤学苦练未必能够得到想要的结果。所以，在仰头张望未来之路的时候，一定要看清楚脚下的路是否走得正确。

出名要趁早，但成就别越来越小………………………………89
1%的灵感比99%的汗水更重要…………………………………93
失败乃成功的后妈………………………………………………96
坚持未必到底，一样取得胜利…………………………………100
绝人之路是存在的………………………………………………103
在错误的方向上停下来就是进步………………………………106
好马也要吃回头草，只要草足够好……………………………111

第五章　颠倒看方法——你工作做得再好，也不过是台廉价的机器………115

　　一些人被传统观念蛊惑，勤勤恳恳任劳任怨干工作，却不懂得如何表现自己，最终除了一个"老黄牛"的美名，什么都得不到。新时代的人，要懂得如何颠倒过来看老一辈的成功观念，要用新的方法解决新时代的新问题，做事才能有更好的效果。

目录

不适时亮出绝技，绝技就可能成绝迹……………………………… 117
没有功劳，苦劳等于零…………………………………………… 120
多劳不一定就多得………………………………………………… 123
别信老板说的"骂你是为你好"…………………………………… 126
你为老板打工，也让老板成就你的事业………………………… 130
巧干胜于蛮干，聪明胜于拼命…………………………………… 133
机会抓不住马上就是别人的了…………………………………… 135
"用人不疑，疑人不用"是一大误区……………………………… 139

第六章　颠倒看社交——等闲变却故人心，却道故人心易变…………… 143

　　看着中国古典名著长大的人，都有一种浓得化不开的兄弟情结和英雄情结，忠和义是中国人信奉了多少年的做人信条、处事原则，但是血淋淋的事实告诉我们，大多数"兄弟"是靠不住的，大多数"组织"是靠不住的，那些用大道理忽悠你的人，不过是想让你为他们的理想服务罢了。

别相信"大哥"，他只是个传说……………………………………… 145
成功不光靠努力，还得靠借力……………………………………… 148
自以为了不起的人一定起不了……………………………………… 152
有时付出与回报成反比……………………………………………… 156
"老好人"就是活到老也得不到好处的人………………………… 159
你越妥协，就陷入越多的妥协……………………………………… 162

目录

"欢迎多提宝贵意见"未必是真欢迎 …………………………… 166

第七章 颠倒看知识——不想当裁缝的厨子不是好司机……………… 173

　　知识用来做什么？指导行动。行动为什么？为了得到财富和地位。如果你读的书不能引领你走向财富和地位，那就是白读了。所以，读书不是硬道理，知识才是；死知识不是硬道理，活知识才是。用知识指导你的人生，才能改变自己的命运。

知识是进步的阶梯，但你必须有个落脚地 ………………………… 175
阅人无数不如阅人有"术" …………………………………………… 178
知识改变不了命运 …………………………………………………… 181
尽信书的人只能成为打工仔 ………………………………………… 184
三分方案，七分执行 ………………………………………………… 188
活到老学到老，还得用到老 ………………………………………… 191

第八章 颠倒看健康——脑袋跟身体总是很拧巴……………………… 195

　　有句话说，好身体是革命的本钱。这话经不住推敲。正确的说法是，健康的身体可以带来革命的本钱，却不是唯一的本钱。如果为了保持健康就放慢革命步伐，你就落在别人后面了。只有玩命工作的人，才能享受最后的成功。如果你舍不得玩命，那最后只能被命给玩了。

目录

身体不是革命的本钱……………………………………………… 197
你必须焦虑，但是不能恐惧……………………………………… 201
把烦人的压力变成积极的动力…………………………………… 204
累就停止做事，你将很难做成这件事…………………………… 207
安逸使人落后，逆境教人成长…………………………………… 211
现在不玩命，以后命玩你………………………………………… 214
忙里偷闲才快乐，一直都闲难快乐……………………………… 217

第九章　颠倒看金钱——视金钱如粪土，可是粪土就是命…………… **221**

我们要颠倒过来审视那些陈旧的金钱观，建立一种正确的价值导向。钱不是牛鬼蛇神，它是购买东西的重要工具，没有钱什么事都做不成。

钱不是衡量成功的唯一标准，却是重要标准…………………… 223
金钱买不到快乐，但快乐生活需要金钱………………………… 226
别动不动就谈感情，太伤钱……………………………………… 229
"财迷"不一定是坏事……………………………………………… 232
有些声讨"拜金主义"者却是拜金人……………………………… 235
你不主动伸手，没人硬塞给你钱………………………………… 238
如果没有远大志向，就踏踏实实赚钱…………………………… 241

第一章 颠倒看世界——假如世界是太平的,还要警察做什么

人在幼年时期，都会被大人灌输一些比较正统的思想，比如：好好学习以后可以挣大钱，努力了就会取得成功，好心一定能够有好报，等等。可是，随着年龄的增长、阅历的增加，我们逐渐发现一些"颠倒"的现象，那些不好好学习的人做生意倒是有模有样发了财，当年考试全班第一的书呆子大学毕业后并没有找到工作，很多刚直不阿的"大英雄"最终败倒在"坏人"脚下……之所以有这种"颠覆"感，是因为幼年时期被灌输的理论本身就有问题，经不住推敲。如果我们运用逻辑方法辩证推理，就能得出更加正确的结论，解释心中的疑团。

为什么那些"不如你"的人反倒成功了

【当事者说】

　　哎，真是天没天理，狼没狼性啊，我高中一同学，大学都没考上，只念了个专科学校，现在竟然都有房有车了，股市里还有20万。他口口声声说"被套了太委屈"，这明摆着是冲我显摆呢。我这名牌大学的研究生，工作两年，眼看就奔"三位"数了，别说买房子，连租房子的钱都要提前算计好，要不到月底就得紧紧巴巴的。论学历他不如我，论相貌我比他强，我还懂英语懂计算机，他家的电脑除了看股票几乎用不上。凭什么他就比我成功？

【颠倒评判】

　　按照你的观点，他没考上大学就是不如你，我看未必。他当年为什么没有考上大学呢，是一时考场失利，还是他原本就成绩差？你说他念了个专科学校，他学的是什么专业？这个专业是不是实用性很强？要知道，现在有专业特长的人才是非常吃香的，很多人还没毕业就已经被企业提前预定了，根本不愁找不到工作。当他们进入工作单位之后，如果表现出色，单位会酌情进行培训，通过了相关的资格认证之后，他们就是高级技师，这种人是人才市场上的香饽饽，想臭在窝里都难！

　　你说你上的是名牌大学，而且是研究生学历，那么你的专业能够让你在众多求职者中脱颖而出吗？你有什么特别出类拔萃的技能让招聘方一下子就相中你吗？你说你懂英语，我不问你四级还是六级，我要问你听说读写的能力，你是否能够流利地跟外国人交谈？你是否能够准确地理解英文文件的意思？你的英语水平有没有专业性，如果让你到外企工作你能够很快地掌握专业英语吗？你能够畅通无阻地听懂外国朋友、外国同事、外国老板的话吗？如果身边的人不懂英文，你能充当他们的翻译吗？

你说你懂计算机，是不是把计算机当作打字机使用？是不是聊QQ多过搜集信息？是不是忙着偷菜、停车、打魔兽？是不是患有网络依存症，离开电脑离开互联网就无所适从、大脑一片空白？反过来，我让你用电脑查看股票行情，你知道去哪个网站查吗？如果我想得到某一方面的信息，你能够用最快地检索到我需要的数据吗？谷歌和百度的区别是什么？

如果看到这些问题你的头脑一阵阵发晕，那么我告诉你，你的同学并非"不如你"，而是你"不如人"。你那位同学之所以比你成功，是因为他掌握了正确的生存之道，他知道如何规划自己的职业生涯，如何科学地打理自己的钱财。相反，你不但不具备这些"成功"的基本要素，还把评判一个人素质高低的标准弄错了。你的标准是：学历、英语、计算机，以及相貌。

不错，在常规的观点中，这几项确实是用人单位选拔人才的标准，但是这些绝对不是社会评判人才的标准。你说他"不如你"，是用死标准来评判鲜活的世界，本身就是错误的。这个世界上没有硬性规定谁比谁好、谁比谁差，只有谁比谁更适应。也许你肤如凝脂，可是到了非洲黑人那里，你就是最丑的；也许你是英语高手，可是面对一群不懂英语的日本人，你还是有口难言。同理，你的同学在这几个方面都不如你，但是在某些方面你不如他，而这些方面恰恰导致了你们走上了不同的道路。

【颠倒成功学】

口口声声抱怨条件不如自己好的人却过上了好日子，这样的人大有人在。其实他们很少反思，为什么人家能够反败为胜？有两种可能，一是你自己高估了自己的能力，低估了别人的水平；二是人家找对了方法，而你像个白痴一样妄想着凭借"好条件"不劳而获。

记住，这个世界上每一个成功背后都有一段曲折的故事，没有人能够随随便便成功。当你看到那些"不如你"的人取得成功的时候，一定要颠倒过来问自己：他比我强在哪里？

虽不以成败论英雄，事实还是成王败寇

【当事者说】

小张做事有一个原则：只要努力了，哪怕不成功，也是自豪的。大学毕业后，他先是满大街找工作，但是由于他缺乏经验，许多公司的大门都向他紧闭。一连三个月，小张都没有找到一份理想的工作。小张开始安慰自己："干工作有什么了不起的。找不到工作我就去创业，相信天是没有绝人之路的。"于是，求职连连失意的小张，又走上了创业的道路，他到服装批发市场进购了一批服装，在一个并不繁华的地段租赁了一个小店，风风火火地开了张。走上创业这条路，小张才感到市场竞争的激烈。由于他没有经商经验，进购的货物不热门，再加上他的店址不佳。不到一年，小张的生意便做不下去了。求职无门、创业失败的小张，又开始安慰自己："胜败乃人生常事，失败也是光荣的。最起码我从失败中学到了做事经验。"然而，小张的自我安慰并没有遮挡住身边人对他鄙夷的眼神。听到了身边人的冷嘲热讽，小张不禁一阵心酸涌上心头：不是说不以成败论英雄嘛！为什么人们竟以这种态度对待我？

【颠倒评判】

　　小张的尴尬局面，是迷信"不以成败论英雄"的观念造成的。他相信一个人只要努力了，就是自豪的，哪怕是失败。其实不然，当今时代，"不以成败论英雄"往往是失败者、没出息者的自我心理安慰之辞，是"吃不到葡萄，反说葡萄酸"的心理在做怪。大多数时候，或者对大多数人来说，还是以成败论英雄的。如果不打破这个观念，人在失败时、在得过且过时就会给自己找借口，从而迷醉在毫无道理的自以为是中，离成功越来越远。

　　遥想西楚霸王项羽，因"鸿门宴"上的一念之差，放走了"心怀鬼胎"的刘邦，只落得个霸王别姬的可悲结局。最终以刘邦的登基而说明"胜者为王"的真理。相比较而言，项羽干一番事业的决心并不比刘邦小，为事业付出的努力并不比刘邦少，可是楚汉之争的结局是刘邦战胜了项羽，那项羽再有"力拔山兮气盖世"的美誉，也是枉谈，"王者"的称号只能属于刘邦。

　　约翰森是一个黑人，因为皮肤的缘故，从小到大他都受到不公平的待遇，这给他幼小的心灵烙上深深的烙印。

　　大学毕业后，因为找工作到处碰壁，他决定自己创办一份杂志。可是，钱又成为问题，因为银行贷款给黑人是需要大量财产作为抵押的。无奈，他借了母亲一套贵重的家具，这套家具是母亲用攒了半辈子的钱买下的。

　　一年后，他的杂志获得成功，除了将母亲的家具赎回外，还赚了一笔不菲的利润。但是，金融危机使他遭遇了灭顶之灾，他甚至连吃饭都成了问题。很多人都嘲笑约翰森不是经商的料。约翰森并没有被别人的嘲讽吓倒，他只是一边以捡破烂为生，一面着手重新组织公司。

功夫不负有心人，几年后，他的杂志社又办起来了，而且越做越大。可是因为公司内部出现了问题，几位股东突然撤资，他的事业再次陷入低谷。别人又向他投以鄙夷的目光，说他失败的闲言碎语也越来越多。

他对母亲说："妈妈，这次我真的失败了。"

母亲问他："孩子，你努力了吗？"

"努力了，但已经没用了。"他回答。

"不，努力是永远不会没用的，孩子。如果你这次不去做努力，挽救你的失败，你就只能是失败者。人们都以成败论英雄的，失败只能让人瞧不起。所以，你一定要想办法扭转败局。如果每次失败后你都选择坚持，那最后一定会成功的。"母亲说。

母亲的话使约翰森想起先前失败后人们对他的态度，他明白了母亲话中的意义。的确如此，如果一个人失败了，哪怕先前付出再大的努力，别人也不会将你视为"英雄"。

明白了这个道理，约翰森的信心又被重新点燃了，他立志做一个成功者。后来，他付出了艰辛和努力，最终使自己的杂志成为当地发行量最大的一种，成为名副其实的成功者。

从上面的故事可以看出，现实生活中的人是以成败论英雄的。不管一个人有多么远大的理想，付出多大的努力，如果不能成就一番事业，或者在人生的道路上屡战屡败，人们只能视其为失败者。

前些日子在一份杂志上，看到了一则"放牛娃成功创业"的故事，更能说明"成者为王"这个道理。

李某小时候，家里很穷，父亲去世又早。全家吃了上顿，没有下顿，他长到15岁，竟然没有穿过一件新衣服，也没钱上学。没有办法，他只得为别人放牛来维持全家的生计，照顾年迈多病的母亲。常言讲得好："人穷志短。"由于家境贫寒，李某受尽了别人的白眼。李某慨叹世态炎凉之余，不由得暗自发愤：一定要努力干出一番事业来，活出个样子给别人看。

为了尽快摆脱贫穷的命运，18岁的李某来到广州，由于没有文化，他只能到一家建筑队干活。李某付出了艰辛的劳作，可是到年底时，包工头竟然逃之夭夭了。李某只得向别人借了点路费回家。

李某回到家，村子里有些人知道他失败的消息后，更加对他冷嘲热讽，说他不知道天高地厚，自己本身就是穷命，还瞎折腾？

面对别人的嘲讽，李某内心有说不出的滋味，既慨叹时运不济，又埋怨世态炎凉。可是没有办法，人们总是以成败论英雄。

经过一番考虑，李某决定再次外出打工，以改变自己的命运。这次，他来到北京，找到了一份推销工作——给一位温州商人推销服装。在工作中，他不怕苦、不怕累，每天忙得团团转。寒来暑往，推销服装这项工作，李某整整从事了10个年头。

俗话说："熟能生巧。"10年时间的推销经验，让李某逐渐摸清了服装行业的运作规律，再加上10年时间，他已有了不菲的积蓄。于是，他便自己开了一家服装销售公司。由于他经营有方，公司效益十分好，几年时间，他便成为了富人。

当李某开着豪华的小轿车回到家乡时，左邻右舍都向他投来艳羡的目光，再也没有人贬低他了。那些先前嘲讽他的人，都想和他靠近。李某真正享受到了成功的滋味。

在当今这个竞争态势愈演愈烈的社会形态中，以成败论英雄无疑是一条潜规则。从某种意义上来说，成功者与失败者的区别，不是远大的理想，不是付出的努力，不是人生经历的丰富，而是取得成就的大小。

【颠倒成功学】

　　受"不以成败论英雄"观念的影响，有些人面对失败与挫折时，总会安慰自己："虽然我没有成功，但是我已尽了很大的努力，也是光荣的。"于是，这些人不再努力，而是以阿Q的精神自我安慰，得过且过，以至于离成功越来越遥远。其实，在生活中，人们往往会以成败论英雄：成功了，你就是英雄；失败了，你就是懦夫。"成者为王败者寇"的铁律，你是难以更改的。

没有绝对的公平，只有相对的交换

【当事者说】

　　杜兴和张勇同时进入一家公司。他二人年龄、资历都相仿，在同一岗位上工作。杜兴在工作中比张勇更努力，他每天早出晚归，兢兢业业地工作。然而，张勇每天却悠闲自在。杜兴想，自己这样努力地投入工作，应该会有公平的报酬吧。可是，过了一段时间，杜兴才发现，自己并没有张勇挣钱多，也没有张勇晋升快。杜兴始终不明白：难道先人提倡的"世间有公道，付出就有回报"的观念已经站不住脚了吗？

【颠倒评判】

　　杜兴这种疑惑，可能刚刚走向社会的人都会有。因为他们在学校读书时，受书本知识的"蛊惑"，认为世界很公平，付出就会有回报的。一旦走向社会，在这个原则的指引下，处处碰壁，在血淋淋的现实面前，他们难免疑惑甚至焦虑。其实，你换一种角度去考虑，如果世界是公平的，那么警察是不是该下岗了？

美国心理学家亚当斯提出了"公平理论"，公平理论的基本观点是：当一个人做出了成绩并取得了报酬以后，他不仅关心自己所得报酬的绝对量，而且关心自己所得报酬的相对量。因此，他要进行各种比较来确定自己所获报酬是否合理，比较的结果将直接影响今后工作的积极性。

通常，人们都会将自己付出的劳动与所得报酬，同他人付出的劳动与报酬相对比。通过做比较，倘若觉得报酬不合理，就会产生不公平感和心理不平衡的现象。

其实，在许多情况下，公平是相对的，而不是绝对的。有些时候，公平是建立在利益交换基础上的。这一点，在职场上暴露得尤其明显。

不知道懊恼中的小杜是否想过这样的问题：你工作虽然勤奋努力，是巧干呢，还是苦干呢？你每天夜以继日地工作，是否给公司带来很好的效益？你自认为比张勇努力，可是你创造的效益有张勇多吗？

小杜说他工作很努力，如果一味地苦干、傻干，并不一定比巧干有成绩；小杜说他工作很刻苦，不过，不管你怎样刻苦，如果不能给公司创造好的效益，你想晋升加薪也不易；小杜说他比张勇努力，但是待遇没有张勇高，如果你做一百件事，还没有张勇做一件事的效率高，那么可以肯定张勇比你领先，因为职场上，并没有绝对的公平，只有交换。

众所周知，清朝的乾隆皇帝明明知道和珅是一个贪官，也知道他害人坑人，但是只要他不危害皇帝的权力，他是允许这个国家和社会蛀虫存在的，因为他需要身边有这样的人存在。因为乾隆想到的和珅已经做到了，乾隆没有想到的，和珅也能做到，每件事情都会让乾隆感到满意。

和珅在乾隆手中能够光明正大地做一个贪官，你做一下试试？和珅贪污 100 万两银子没事，你贪污 100 两就可能掉脑袋。

在市场经济体制下，由于私有制经济的重要作用，一家家私营、民营企业如同雨后春笋般不断涌现。大多数私营企业都是自负盈亏，企业的生命是由其产品在市场中的竞争地位来决定的。这就迫使许多企业追求效率，追求市场价值。所以，一个优秀员工的标准往往是高质量、高效率。

在职场上，不管你付出多大的努力，历尽多少艰难挫折，如果不能给企业带来利益，企业就会马上"炒"掉你。

对于职场上的不公平，不管你喜不喜欢，都必须接受，因为这是现实。任何公司都不会存在真正的公平，为公司创造同样的价值，我们未必获得和别人一样的奖励；做出同样的成绩，未必获得同样的晋升。

王芳大学毕业后，到一家广告公司应聘电话业务员的职位，突破了多个环节，最终到了老板面试这一关。谁知那位老板只是与她简单交谈了几句，就对她说："对不起，我们不能录用你。你连自己说话都磕磕巴巴，怎么能够做好电话业务员这个职位，为公司创造好的效益呢？"

原来，王芳刚从学校走向社会，头一次面试很胆怯，说起话来难免支支吾吾，谁知问题就出在这上面。这能怨谁呢？王芳并没有埋怨那个老板太苛刻，她静下心来给那家公司的老板发了一封邮件，邮件中写道："贵公司是我期盼已久的单位。您对我的严格要求，正反映了贵公司在管理上的优势，这也是贵公司长久兴盛的原因。因为我是第一次应聘，所以难免紧张，以至于说话磕巴。如果您再给我一次面试机会，我肯定不会辜负您的希望。"王芳发自肺腑的话语，让对方眼睛一亮，马上打电话通知她再来复试。

王芳的做法是正确的，因为她在遇到不公平的待遇后，首先想到的不是抱怨老板不近人情，而是意识到职场并没有绝对的公平，只有利益的交换。如果自己语言表达不流利，就不能很好地给公司创造效益，公司肯定不会聘用自己。于是，她马上采取补救措施，为自己创造新机遇。

所以，不能抱怨你受到的不公平待遇，记住尼采的一句话"存在的就是合理的"，你所受到的待遇是有它"存在"的背景、条件和原因的。

各种不公平的事情，时刻会在我们身边发生。原因就是，任何人为制订的规章制度在执行时都会打折扣。人与人之间涉及到亲情、感情、利益和利用等各种不为人知的复杂关系，这些关系会让简单的问题变得复杂化，不能用常理解释和推理。所以，面对不公平，你只有调整心态去积极应对。

【颠倒成功学】

如果现在你还相信世界上有绝对的公平，付出就一定能够得到回报，那你未免太幼稚了。试想，如果你不能给他人带来利益，别人凭什么给你好处？一味地傻干、苦干，那是蠢才的行为；追求利益的共同点，才是智者的思维。记住，世界上永远没有绝对的公平或不公平，只有交换。倘若不能摘下个人感情的有色眼镜，保持良好的心态，用潇洒豁达的人生态度去生活，那么你将永远找不到公平，永远活在抱怨的天空下。

你就是你，谁的成功你也复制不了

【当事者说】

有一个成语故事叫"邯郸学步"，讲的是：燕国寿陵地方有一位少年怀疑自己走路的姿势太难看，于是，他总想改变自己的走姿。凑巧，他在路上遇到几个人说赵国邯郸人的走路姿势很优美。他十分好奇，就瞒着家人，跑到遥远的邯郸学走路去了。一到邯郸，他感到处处新鲜，简直令人眼花缭乱。看到小孩走路，他觉得走得活泼，想学；看见老人走路，他觉得稳重，想学；看到妇女走路，觉得摇曳多姿，也想学。就这样，他学来学去，最后连自己以前是怎么走路都不知道了，只好爬着回家了，心里真叫一个委屈！

【颠倒评判】

　　看了上面这个故事，你可能会暗笑那位寿陵少年很弱智。其实，现今有许多人都在重蹈邯郸学步的覆辙，只不过形式不一样。

　　我有一个同事就很喜欢复制别人的成功。他天生有一副好嗓子，喜欢唱民歌，五年前还在县里举办的业余歌手大奖赛中得过名次。可是，最近几年，他去参加各种唱歌比赛总是落榜。什么原因导致的呢？原来他喜欢复制其他歌星的成功。他看到唱通俗歌曲的人拿了奖，就去唱通俗歌曲；看到唱美声歌曲的人受到好评，就又去唱美声歌曲；看到原生态歌曲有市场，他又去学习原声态唱法……这么复制来复制去，以至于将自己的特长都淡忘了。每次唱起民歌来，总是五音不全，不符合民歌的韵律与风格。所以，他的失败就在所难免了。

　　马云曾经想重新开创一番事业，有些项目他在心中酝酿了很多，最后却胎死腹中，没有付诸行动；有些项目因为受到别人的诱惑，冒冒失失地去行动了，然而却以失败而告终。譬如，有位朋友曾经介绍他去种竹子，本以为能够获得滚滚财源。但是这并不适合从小就没有在农村待过，对于种竹子既没有经验，也没有兴趣的马云，最终马云失败了。于是，马云慨叹道："一样米养百样人，有人打铁，有人撑船，有人酿酒，有人榨糖。自己应该从事什么行业，能否取得成功，与之关系最为密切的是自己的兴趣爱好。人家成功的项目，自己可别盲目跟随，否则等待自己的只能是失败。成功不能复制。"

成功不能复制，许多著名企业的成功经验就能说明这一点：

作为乳品行业的知名企业，伊利成功在先，蒙牛成功在后。十几年时间，伊利由一家回民奶食品厂发展成为乳品行业的龙头企业，伊利创造的企业发展速度更被称为"伊利速度"。蒙牛和伊利的天然渊源，使得两个企业间有许多相同的地方：地处同一个城市；许多员工在伊利工作多年；同处乳品行业，原料、生产、产品等具有同质性……蒙牛倘若想获得成功，应该是最有条件复制伊利的成功模式的。然而，蒙牛却没有复制伊利的成功模式。原因是，其一，倘若按照原有的经验与思路往下走，蒙牛在伊利面前什么优势都没有，规模小、实力弱更是摆在面前的事实。其二，当时的中国乳业市场竞争已经很激烈了，蒙牛却面临着一无奶源、二无工厂、三无市场的"三无状态"，如果按照传统模式发展必将面临巨大的投资风险，一着不慎，将会全局皆输。

后来，蒙牛选择了创新模式，即先做市场、再合作生产、最后才在离市场较近的地方建厂，"后发"的蒙牛不但没有受制于人，反而成为中国成长企业百强之首。

蒙牛成功的事实告诉我们，成功是不能复制的，别人的经验只能借鉴。借鉴不等于模仿，更不是复制，如果你去模仿的话，那就好比抛开你自己，活在别人的阴影里。

每个人都有自己的成功方式，关键是"认识你自己"。希腊先知苏格拉底在两千多年前就说出了这句名言，有些人却自以为是，没有放在心上。现在，越来越多的人走进了成功误区，怀抱着所谓的成功法则，沿着成功人士的足迹，小心地向前挪动。结果没有靠近理想，反而越走越远。

所以，成功是不可复制的，人的身份、性格、环境、情商、智商、机遇都不同，怎么能拷贝成功？倘若说成功有规律可循，那么就是认识你自己、创造你自己、成为你自己。至于用什么方法，那就只能是各显其能。

【颠倒成功学】

生活中有些人，总想跟在成功人士背后，模仿成功人士的做法去成功。这种"跟屁虫"一样的做法不但不能使自己走向成功，相反还会离自己的理想越来越远。记住，你只是自己，任何人的成功你都不能复制。一个人和一个企业的成功本身就不简单，在这个竞争手段、管理方法越来越同质化的今天，个人或企业能够生存，往往在于个性和特色。而这些个性和特色才是个人和企业成功的精髓。其实，复制的东西往往是表面的，精髓是不能够复制的。

成功模式不可复制，这是经验之谈。举世公认的投资大师巴菲特的投资模式，可以说是全世界投资界的楷模，世界上想复制他成功模式的人很多，但世界上仍然只有一位巴菲特。

说自己笨的人最聪明

【当事者说】

一家公司在员工全体会上公布了这样一个消息：市场部主任下个月辞职，要选择一位成绩优秀的员工接替这个职位。消息公布后，全公司哗然。员工们认为最有竞争力的要数小梁和小刘,因为他们是公司的元老,又有市场经验。小梁也认为自己能够成功,为了稳操胜券,他开始想办法往老板"眼"里钻,讨老板的欢心,还处处在上司面前卖弄自己的学识。有时,他还刻意地迎合上司,即使上司的做法是错的,小梁仍然为上司唱高调。小刘的表现则与小梁不同,他并没有处处显摆自己,而是比先前工作更努力了,态度也比先前端正,他更注重与同事处好关系了。小刘的做法在小梁看来,无疑是弱智的行为。你不显摆自己,上司能知道你的长处吗?过了一段时间,市场部主任辞职了,公司也公布了任职名单:市场部主任小刘。这个结局简直让小梁不敢相信自己的耳朵,为什么我表现如此积极,晋升却没有我的份儿,相反,那个傻子似的小刘却能一举成功呢?

【颠倒评判】

有些人认为,有智慧更要会显摆,小梁就是这种人。但是,真正有大智慧的人是不会在大庭广众面前显摆自己的,他们会抱头藏尾,看上去样子很傻,实际上他们胸中有大韬略。那些处处显摆自己的人,无疑是在玩小聪明。

西汉开国功臣淮阴侯韩信,虽然英勇无比,功高爵显,但是他却喜欢在汉高祖刘邦面前显摆自己。当年刘邦曾经问韩信:"你看我能带多少兵?"韩信说:"陛下带兵最多也不超过10万。"刘邦又问:"那么你呢?"韩信说:"我是多多益善。"这样回答,刘邦怎么能不耿耿于怀呢?韩信这种小聪明,为他以后埋下了祸患。后来,刘邦借吕后和萧何之手,在未央宫将韩信擒杀。

淮阴侯韩信可谓"机关算尽太聪明,反误了卿卿性命。"可以想想,在等级森严的封建社会里,皇帝万人之上的地位决定了他的独裁与霸气。

做臣子的在他面前显摆功劳，并嘲弄皇帝本领没有臣子高，这不明摆着找死吗？可以肯定任何一个帝王都不会容忍功高震主的臣子存在。

老子说："大象无形，大音希声。"这是一个人成熟、睿智的标志。而《周易》之《坤卦》篇有云："六三，含章可贞，或从王事，无成有终。"意思是说，不显露、炫耀才华，固守柔顺之德，即使辅佐君王，亦不居功自傲，会有善终。这些古训都在告诫我们，大智若愚之人往往是最聪明的人。

《三国演义》中有一段"青梅煮酒论英雄"的故事。当时刘备落难投靠曹操，曹操真诚地接纳了刘备。刘备住在许都，为防曹操谋害，就在后园种菜，以此迷惑曹操，放松对自己的注意力。有一天，曹操约刘备入府饮酒，谈及当世英雄。刘备点遍袁术、袁绍、刘表、孙策等，都被曹操否定。曹操指出英雄的标准——"胸怀大志，腹有良谋，有包藏宇宙之机，吞吐天地之志。"刘备问："谁人能当英雄呢？"曹操说，只有刘备与他才是。刘备本以韬晦之计在许都栖身，被曹操点破是英雄后，竟吓得将筷子也丢落在地，恰好当时大雨将到，雷声大作。刘备从容捡起筷子，并说"一震之威，乃至于此"，巧妙将自己的惶乱掩饰过去，从而避免了一场劫难。

刘备藏而不露，人前不夸张、卖弄，不将自己算进"英雄"的行列中，这办法让人很放心。他的种菜，至少在表面上将自己的行为收敛了，这也是他在乱世中保全自身的最佳办法。试想，如果刘备在曹操面前以英雄自居，他的下场会是什么呢？

照字面意思理解，"大智若愚"的意思就是有大智慧大觉悟的人不显摆才华，外表上好像很愚蠢。实际上，这既是一种至高的人生境界，又是人生大智慧。就前者来说，大智者无拘无束，无牵无挂。就后者来说，是在人前收敛自己的智慧，一种混沌的样子，在小事上经常不比一般人聪明，应变能力好像很差。其实，这正是有城府的表现。假装愚蠢，让人认为自己无能，而在必要时，可以不动声色，先发制人，让别人失败了还蒙在鼓里。做人应该尽量避免锋芒毕露，不能成为别人嫉妒的目标；愚蠢而危险的虚荣心满足之日，就是一个人的失败之时。

另外，大智若愚并不是故意装疯卖傻，也不是故作姿态，而是为人处世的一种方法、一种态度，即：心平气和，遇乱不惧，宠辱不惊，含而不露，隐而不显，凡事心里都清清楚楚，而表面上却显得不明白。

大智若愚既表现在人的面部表情上，也表现在人的行为中。大智若愚的人给别人的印象是：经常笑容满面，宽厚敦和，平易近人，虚怀若谷，不露锋芒，有时甚至有些木讷，有点迟钝。但是你需要切记：若愚者，即似愚也，而非愚也。因此"若愚"只是一种表面现象，只是一种策略，而不是真正的愚笨。在"若愚"的背后，隐含的是真正的大智慧、大聪明。

孔子年轻时，曾经受教于老子。当时老子曾对他说："良贾深藏若虚，君子盛德，容貌若愚。"即善于经商的人，总是隐藏其宝货，不令人轻易见之；而君子之人，品德高尚，容貌却显得愚笨。其深意是告诉人们，一味地炫耀自己的能力，不节制地显摆自己的优势，是没有任何益处的。

尤其是在职场上行走，更应该明白大智若愚这个道理。职场上的上司最忌讳做下属的自表其功、自矜其能，凡是这种人，大多数要遭到猜忌而没有好结果。

即使你是公司元老、创业功臣，也不能居功自傲。要知道在封建社会中，"功高盖主"是臣子的大忌，如今虽然说时代变化了，但在一个相对自成体系的企业里面，企业最高决策者的权威同样不容质疑。职场每年都有不少知名经理人，因为居功自傲、功高盖主而被赶出局。这些教训告诉我们，做一个成功的职业人士，更要懂得大智若愚的重要性。

总之，大智若愚的人更容易取得成功，获得快乐。相反，一味地耍小聪明是不会有好下场的——周公瑾赔了夫人又折兵，王熙凤机关算尽反误了卿卿性命。由此看来，有小聪明而没有大智慧的人不会永远得势，甚至还会大祸临头。

【颠倒成功学】

有些人觉得耍点小聪明更容易取得成功。于是，他们风风火火地在人前卖弄风骚，到处显摆，生怕全世界不知道他。实际上，往往是出头的橡子先烂。他们不仅不能马到功成，甚至还会大祸临身。你没见那些表面看似很愚蠢的人，却做出了很大的成就，获得了成功。所以，不要受小聪明的害了，做一个深藏不露的人有什么不好？

朽木不可雕，或许可以"镂"

【当事者说】

小张是一个很有才华的人，学的是中文专业，他性格内向，不善言谈，刚毕业由于没有工作经验，不知道该找什么工作。有一次，他坐在公交车上，听一位小伙子说，做房地产业务很赚钱。这位小伙热火朝天的一番忽悠，竟使小张动了心。他想，干脆去卖楼算了。于是，小张走上了售楼的道路。刚开始工作，小张兴致很高，每天精神百倍地去上班。可是，逐渐地，小张便变得愁眉苦脸起来。他看到这个行业中的精英都是口吐莲花、伶牙俐齿的人，而且还有一张"厚"脸皮，不怕别人的拒绝与冷嘲热讽。然而，这些能力都是小张缺乏的。他不善与人沟通，在推销过程中遭到别人的白眼，他会难过好几天。虽然工作了三个多月，但是连一套房子都没卖出去。眼看着温饱都不能解决了，小张不由得自我埋怨起来：我真是个十足的笨蛋！

【颠倒评判】

造成小张这种困境的根本原因还在于他自己，因为他没有认清自己的优势，稀里糊涂地选择他并不擅长的职业，最终导致失败是必然的。

一个人既有他的长处，也有他的弱项。很好地发挥自己的长处，就能步步走高，直至成功巅峰；在自己不擅长的领域中奋斗，只能离成功越来越远。不过，你要记住"天生我材必有用"，世上本无绝人之路。

一个男孩在求学路上屡遭失败与打击。在确认他不适合在学校读书后，他父亲十分伤心。他将孩子领回家，准备靠自己的力量将孩子培养成才。可是这孩子不管如何都记不住那些需要记忆的知识。在父亲眼中，这个男孩是一个没有长进的孩子，怎么教他，他都学不会。

父亲失望了，因为他高考了几次都是失败结局，他没能走进大学校门。父亲悲伤地对男孩说："朽木不可雕也，你原本是块朽木，怎么雕都不会成器。"男孩十分难过，他决定远走他乡去寻找自己的事业。

许多年后，男孩回到了家乡，他已长成一位成熟的男人。

有一天，他希望父亲和他同去参加一个绘画比赛。在绘画比赛中，这个男人画出的每一幅画都迎来别人啧啧的称赞。最终，在专家的评选结果中，他赢得了绘画比赛的冠军。

领奖仪式开始了，他在一片热烈的掌声中走上领奖台，激动地说："我想将绘画比赛的冠军杯献给我的父亲，因为我读书时没有获得他期望的成功。他曾认为我是朽木，现在我要告诉他，爸爸，我不是朽木，大学里没有我的位置，但在生活中总会有一个位置是属于我的。"

台下那位陪儿子一起观看绘画大赛的父亲万万没想到,最终成为绘画冠军的人竟然是自己认为不成器的儿子。

其实,在这个世界上,每一个人都有一个属于他自己的位置,即有些人所说的人生坐标。谁在最短的时间内找到自己的人生坐标,谁就能够很快地获得成功。不会明确定位的人实际是一种人生河上的浮萍,在人生的陷阱中盲目地生活着。

幽默小说大师马克·吐温在文学创作方面是少有的天才,然而在投资理财上却是一个十足的"蠢才"。

马克·吐温的经商活动,是从投资打字机开始的。那时候,他已经40多岁了。此前,他靠写文章发了点财,并且小有名气。

有一天,一个叫佩吉的人对马克·吐温说:"我在从事一项打字机的研究,马上就要成功了。研究成功、产品投放市场后,金钱就会像河水一样流来。现在我只缺最后一笔实验经费了,谁敢投资,将来他得到的好处肯定不会少。"马克·吐温听完后痛快地拿出 2000 美元,投资研制打字机。

一年过后,佩吉又找到马克·吐温,亲切地对他说:"马上成功了,只需要最后的一笔钱。"马克·吐温什么话都没说,又将钱给了他。两年过后,佩吉又拜访了马克·吐温,仍然亲热地说:"快成功了,只需要最后的一笔钱了。"慢慢地,7 个年头过去了,这个"快成功"的打字机还没有研究成功。这样算来,马克·吐温已经有 2 万多美元流失了。

然而,马克·吐温哪里会想到,真正的成功会无限期地拖下去。一直到他 60 岁时,这台打字机仍然没有研制成功,而陷进这个无底洞中的金钱已经达到 15 万美元,使他欠了一屁股的债。

经商失败后,马克·吐温意识到自己根本不是经商的料子,他只能走写作这条路子。于是,马克·吐温一家又来到英国伦敦,在附近租了一套房子，他准备在这里完成《赤道环游记》，以便还清债务。随着《赤道环游记》的出版销售，加上马克·吐温的努力工作和全家人的勤俭，两年后，他们最终还清了债务。

所以，困境中的小张，不应该自暴自弃，也不要怨天尤人，要记住："此处不留人，自有留人处"的道理。应该根据自己的特点选择自己擅长的工作，比如办公室文秘、文案写作等都是适合他特长的工作，相信从事这种工作，他的前景一定会很广阔。

【颠倒成功学】

很多人在从事一种职业失败后，总会发出这样的慨叹："我真是朽木不可雕也！"其实，好好反省一下，你真正是一块朽木吗？是在什么地方都不中用的废物吗？朽木不可雕，或许可以"镂"。你在这个领域是个"白痴"，或许在其他的领域还是一位强者呢？

许多人都在生活中苦苦寻觅自己的位置，遇到打击和失败是正常的，但是不能灰心，条条大路通罗马，成功不只一条道路。天生我材必有用，只要你努力进取，就总有一扇门是为你打开的。

知足常乐却乐不长

【当事者说】

南朝的陈国，虽然自称为"国家"，但实际上地狭人稀。后主陈叔宝每天过着养尊处优的生活，不思进取，搞得天下民不聊生。当时，隋文帝杨坚起兵灭陈的时候，曾对人说："我为百姓父母，怎能不救万民于水火呢？"他大肆张扬制造船舰，有人劝他保密。杨坚却说："我是替天行道，陈后主如果积极进取，我就会罢黜刀兵。"

但是，陈叔宝不思进取，依然在亭台楼阁内寻欢作乐。

杨坚带兵攻陈，深得百姓支持，所向披靡，很快便打到建康城下。陈后主听后不以为然，还蛮不在乎地说："我有王气在此，惧怕什么？先前北齐兵曾三次攻打我国，北周兵也来过两次，不都是失败而归了吗？这次隋军来，自然也会败退的。"他仍然饮酒作乐。

后来，隋军攻进皇宫，活捉了陈叔宝。南陈灭亡。陈叔宝死到临头都弄不明白，自己招谁惹谁了？

【颠倒评判】

陈叔宝当然没有"招谁惹谁"，可是，害他断送江山的，恰恰是这种"无作为"。

传统观念认为，知足常乐是人生的一种境界。但是，在当今这个日益变化的社会里，知足常乐会泯灭人的进取心，使人不再创新、不再进步，天长日久，人便会落后、被淘汰。所以说，知足常乐的做法不可取。

从现在的角度来看，陈后主亡国有着必然的原因，他正是知足常乐的受害者。如果他当时奋发进取，或许隋军就不能轻易得逞。然而，他一味地沉迷酒色，荒废朝政，才做了亡国之君。

当今社会，如果还按照传统的思维方式支配自己的行为，不去打破常规，那就会越走越艰难。人生如同爬山，你必须有达到山顶的雄心壮志，否则便永远无法爬到顶峰。这种雄心壮志不是天生的，而是由你不满的感觉而来的。

古代有一位天才，4岁便能作诗，因而名声很大，深受人们称颂和羡慕。他的父母也被邻里夸奖。这个天才在父母的眼中也是个宝，对他疼爱有加。平时，他要什么，父母便给什么。时间长了，他便觉得自己很了不起了，便知足常乐，最后放下手中的书卷，整天和伙伴一块玩，而家中竟没有一个人反对，都认为他出去走走一定能长许多见识。然而许多年后，他却成为一位庸人，4岁时的才华也一去不返。

　　从这则小故事不难看出，知足常乐是不可取的，而永不满足、不断进取才是当今社会的主旋律。

　　拿破仑曾经说过一句名言："不想当元帅的士兵不是好士兵。"这是对所谓进取心的最好说明。其实，基本上世上成大事者都是因为自己有一颗"想当元帅"的雄心而最终如愿以偿的，否则就只会永远地平庸下去。

　　有些人认为自己现在生活很好，工作稳定，开始不思进取，满足现状，其实这是人生中犯的很大的一个错误。在社会不断进步的今天，每个人都要有危机感，不能安于现状，应该积极进取，用更多的学识来充实、完善自己。

　　大凡获得很大成功的人们，他们都放弃了认为不能取得大成功的稳定工作，其中最大的原因就是他们不安于现状，永不满足。所以，人一定要努力进取。安于现状、不求进取，往往意味着被淘汰。

　　在20世纪90年代初期，一个山区的穷青年帮助别人收购白薯，发现6分钱一斤的白薯到城里烤熟能够卖到2元钱一斤。这个头脑灵活的青年就利用农闲季节到城里销售烤白薯。那时候县城几乎没有烤白薯的，于是他的生意很红火，半年赚的钱比原先辛苦五六年赚得都多。然而过了几年，因为烤白薯的人不断增多，竞争越来越激烈，烤白薯的价格就下降了。这时候，这位青年开始用原始的资金去租摊位、开小饭馆，最终赚到了钱。然而，有些人安于现状，继续烤白薯赚点饭钱；还有一些人选择退出，回到乡里。几年后，安于现状的，一些人苦苦支撑，一些人被市场淘汰；选择退出的，只能默默无闻。

在正常情形下，没有哪一个人会希望自己平庸地度过一生，可是古往今来，在糊里糊涂中庸庸碌碌地度过一生的人却不少。许多人以为，这是他们自己的事情，他们愿意去过平凡的生活，也没有什么大不了的。其实，只要我们去仔细观察，平庸与平凡之间还是有很大区别的。平凡之人不一定能成就一番大事业，可是他们能在生命的过程中将自己点燃，即使自己只是根毫不起眼的火柴，也要释放出自己全部的光和热，并在自己的世界里燃起熊熊火焰；平庸的人可能是一大捆炸药，但他却连自己的引线都没有去寻找，当然也不能去将它点燃，将自己的人生变得轰轰烈烈，最终只能在碌碌无为中消沉下去。

【颠倒成功学】

在这个竞争激烈的时代，庸碌无为是可耻的，这只能助长你的懒惰。难道蜗居在城市边缘的你，不羡慕那些富人住的高楼大厦吗？难道炎热的盛夏挤在公交车上汗流浃背的你，不羡慕那些开着轿车，悠然自在的人吗？记住：任何一个有志向的人，都不会虚度年华，都不会在碌碌无为中度过一生的。

得寸进尺才能步步高升

【当事者说】

张伟最近被一件烦心事困扰：他一向讨厌得寸进尺的处世原则。所以，他总是踏踏实实地工作，既不和人争名夺利，又不与别人竞争。但是，和张伟在一个工作岗位的杨松却"得寸进尺"。杨松刚到公司时，只是一个基层员工，但是他"野心十足"，每一次晋升的机会都不错过。公司新任命办公室主任，他"毛遂自荐"，获得了成功；公司竞选部门经理，本来上层没有考虑杨松，但是杨松想尽办法和上司据理力争，最终又成功获选。在张伟看来，杨松的做法无疑是贪得无厌，一位基层员工做到了办公室主任，上司对你已经很抬举了。但是，你却贪心不足，竟想攀上公司高层。眼看着杨松步步高升，工薪翻了好几倍，张伟心中有说不出的滋味。

【颠倒评判】

张伟的烦恼是传统的观念意识决定的。在传统观念里，人们经常用"得寸进尺"来批评一个人的贪得无厌，以至于许多人鄙弃"吃着碗里，看着锅里"的做法。但是，当今时代，"得寸进尺"却是正当地为自己谋求利益的一个表现。杨松"得寸进尺"的目的，不就是为了让自己拿到高工薪，获得更快的发展吗？可以想想，在职场上，如果你不具备"得寸进尺"的精神，不敢更大范围地谋求利益，是否会被上司认为"没有上进心"呢？

在现实生活中，物质决定一切。人人都在不停地前进，不断地追求，永远没有停下的一天，因为只要停下就会落后。或许贪婪应该换一种说法，就是"思进取"。一个人没有这种努力向上的精神，又哪里来的前进的动力？没有欲望，人就不会进步；人停止了前进，社会自然会落后。所以人只有"得寸进尺"，才能生存，才能发展。

安于现状，会让人看不到更高的目标，会让人停止进取，最终会被更多"得寸进尺"的人超越。

美国有一位叫贝特罗的年轻人，他的父亲在墨西哥拥有金银小矿山。贝特罗起初很勤奋地工作，使矿山的效益很景气。按理说，矿山生意好，就应该再接再厉，谋求更大的发展。然而，当贝特罗的经营达到一定规模时，他却停止了进取，不再谋求更大的利益。他建筑了堂皇的宫殿，购买了豪华的家具。贝特罗从此沉溺于没有止境的豪华生活里，对生产情况再也不闻不问了，任其矿山废弃。后来，他身边留下的除了那座宫殿外，几乎没有任何东西。最终，他就在那宫殿中的两间破屋子里，了结了残生。贝特罗的悲剧，不正是"满足现状"的观念的受害者？试想，如果贝特罗得寸进尺，永葆追求财富的激情，结果会有这么悲惨吗？

可见，不敢"得寸进尺"的人，必定是一个眼光短浅的人，是一个没有进取心的人。他们不能谋求更大的利益，不能使自己的人生价值得到更高的体现，最终只能被社会所淘汰。

"不敢得寸进尺"让人失去了追求卓越的原动力。本来可以用十分的热情去工作，因为不思进取，一点激情也没有；本来可以全身心地投入，因为不思进取而打不起精神来；本来可以谋求更大的利益，因为不思进取，而使自己可怜巴巴地固守着微薄的薪水。

许先生出生很平凡，学历也不高。但是经过十多年的努力，他现在的"身价"已经超过了2000万元。问及他成功的原因，他只说了一句："我的家庭经济条件并不好，但我相信自己总有一天能够成功，所以平时我很勤奋，也非常留意去把握各种机会。"

这不是贪婪，而是勇气，一种渴望成功的冲动，从而使得许先生完成了一个由汽车修理工向有钱人的变化。

20世纪80年代中期，许先生从技校毕业后成为一位汽车修理工。修理工的工作很平淡，但许先生却耐不住寂寞。于是，他离开修理厂干起了个体户，开始做服装生意。随着时间的推移，许先生手中的资金也逐渐多了起来。

到了20世纪90年代初，他有了第一个100万元，这在当时是一个不小的数目，许先生也在想接下来该怎样发展。有人劝他可以收手了，去尽情享受一下生活更好。然而，许先生却坚持："不能停下来，一定要让自己成为真正的富人。"这种"得寸进尺"的理念，使许先生的财富出现了突飞猛进的增长。他到国外转了一下，阅读了很多相关书籍，凭借自己在服装行业多年的经验，最终决定投资开办服装厂。他将销售的地点定位在了东欧地区，这也使他的服装厂的生意蒸蒸日上，最终使他的财富出现了很快的增长。

手中有了好几百万元的资产，却使许先生的致富欲望越发强烈了，这也使得他不断地考虑下一步的计划。

20世纪90年代末，投资市场的风云变幻也使他有了多样化的选择，或许是不安分思维的缘故，他最终选择投资房地产。在投资房地产过程中，他稳打稳扎、步步为营，又使自己的财富翻了好几番。

读了许先生的故事，你也许会觉得他的创富经历并没有什么传奇之处，但我们却可以从中感到他强烈的赚钱欲望，而也就是这一点，使他谋求了更大的利益。如果他当时安于现状，或者在中途产生放弃念头，他也不可能获得这样的成就。

事实证明，认为"得寸进尺"是贪得无厌的人，不能打破常规看问题，在这个时代只能是碌碌无为。只有敢想敢干、敢于进取的人，才能获得更大的利益，获得更大的成功。

【颠倒成功学】

　　那些总以为"得寸进尺"是违背做人做事原则的人该清醒一下了。因为在当今时代，没有"得寸进尺"的决心，就不能有大的成就，就不会为自己谋取大利益。受传统观念束缚，被条条框框遮住双眼的人，无疑是可悲的。因为他们会在抱残守缺中，使自己变得平庸。只有那些"得寸进尺"的人，才能不断创造生命的奇迹，才能笑到最后。

事情要做"对"，更要做"顺"

【当事者说】

　　刘先生最近为儿子上学的事情愁眉不展。刘先生的儿子上初中时学习成绩很优秀，然而中考时没有发挥好，以至于没被重点高中录取。为了能让儿子在重点高中上学，刘先生可谓费尽心机。刘先生有一个亲戚张某是教育局的副局长，刘先生决定求他帮助。妻子告诉刘先生，你去拜访张某的时候，要带上一点"见面礼"，然而刘先生很鄙视这种做法，这不是"行贿"吗？再说张某又是咱们的亲戚，帮助办这点小事还难吗？妻子没再说什么。于是，刘先生两手空空去拜访张某，当他将来意告诉张某时，张某则给刘先生罗列了一大堆困难，证明这件事不好办。刘先生心想，凭张某现在的职务，办这件事应该不成问题呀！为什么他说不容易呢？

【颠倒评判】

　　中国人总是被很多是非对错道德方面的条款束缚住，所以活得很累。

有时候，可以丢弃这些条条款款，让自己轻松些、舒服些。比如，传统观念认为，"办事送礼"是不道德的行为，这是中国人传统的金钱观念决定的。然而，当今时代，"送礼"是求人办事的敲门砖，是一门学问，如果不懂"送礼"的艺术，办起事来就会难上加难。所以，要想办事，就得摒弃先前旧观念的束缚，适当地用礼物搭起求人办事的桥梁。

人的感情具有物化性，仅用话语来表达你对朋友的关心和友谊是不够的。仅靠两片嘴唇就能够达到办事成功是不太可能的，还需要有物质上的交流。这就需要你通过送礼来沟通与办事人的关系。

送礼并不是件简单的事情，它需要你细心。送什么、送多少、何时送、怎么送，都是有大学问的。礼送得恰到好处是人情，送得不当是尴尬。

有一位经理，退休前，每到年底，礼物就会像雪片一般飞来。可退休后，访客却寥寥无几，更没有人给他送礼了。正在他心情低落时，先前的一位下属带着礼物来看他。在他任职期间，他并没有重视这位职员，可是来拜访的竟然是这个人，不禁使他深受感动。三四年后，这位经理又被原来的公司聘为顾问，很自然便提拔、重用这位职员。因为他在经理失势时登门拜访并送上了自己的礼物。所以，给经理心中留下深刻的印象。同时，让他产生了"有朝一日，我定要好好回报他"的想法。

有些人通常出于面子的需要，觉得一件小礼物拿不出手，要送，就送货真价实的大礼物。钱虽然花了许多，但效果却不好。特别是头次见面你提了贵重的礼物，人家或许还以为你有什么目的呢，没人敢收。倘若主人不肯收，你的处境就会十分尴尬。

当然，"礼轻"也要看情况，要看对方与你的关系。随着双方感情不断加深，礼品可以适当加重，但不管你送多么珍贵的礼品，都只是为了表示感谢对方，不能有其他的想法。

我们在一个讲"礼"的环境中活着，如果你不讲"礼"，简直就会寸步难移。送礼要讲求手腕，倘若送礼功夫不到位，就不能收到预期效果。所以，一个人要想成功办事，就要学习送礼的技巧。

（1）借马引路

你想送礼给某人，而对方又和你没有关系，你可以选择受礼者的生日，邀几位熟人共同去送礼祝贺，那样受礼者就不好拒绝了。事后，当他知道这个主意是你出的时，会改变对你的看法。

（2）移花接木

老李有事要托小马去办，想送点礼疏通一下关系，又怕小马拒绝，自己面子上不好看。老李的妻子与小马很熟，老李便用妻子外交，让妻子带着"红包"去拜访，一举成功。看来，有时候直接出击，倒不如迂回运动有效。

（3）先说是借

如果你是给家庭困难者送钱物，有时，他们的自尊心很强，不肯轻易接受帮助。如果你送给他钱，可以说拿些先花，以后有了再还。受礼者会觉得你不是在施舍，日后又还，他会很喜欢接受的。

中华民族向来是礼仪之邦，"礼"文化源远流长。即使在今天，礼尚往来也是人际交往的一项重要内容，在那或多或少、或轻或重的礼物中，我们既能够体味到人情缔结的温馨，又能够享受友好交际的快乐。中国是一个重人情的社会，许多事情靠公事公办往往办不成。所以，沟通就成为办事的必要环节，要想有好的沟通就要有所行动，而送礼就是这种行动的最佳表现方式。

同样一件事，有人送礼就能将事情办成；可有些人不屑于送礼，这样一来，既办不成事，又影响了面子。所以说，求人办事必须学会送礼的艺术。

【颠倒成功学】

　　有些人认为办事送礼是不当的行为。可是你想过没有，在中国这个重人情的社会里，你不送礼能办成事吗？举例而言，两个人办同样的事情，人家通过送礼疏通关节，事情办得一帆风顺，感觉到心情舒畅；你不懂送礼的艺术，这件事可能就办不成。没办法，现实就是这样。有些事情是没有绝对的对错之分的，存在的就是合理的。要想成功办事，就不要老是想着做"对"的人，而是要想着做"舒服"的人。

第二章 颠倒看人品——
他们卖了你,还让你数钱

圣贤书都是鼓励人心向善，可见人心原本就是"恶"的。一部分人读了书受了熏陶成为善良的人，而大部分人还是任由自己"恶"的本性胡来，把自己的利益建立在他人的损失之上。所以，面对人品问题，你应该颠倒过来思考：对待诚实的人就要诚实，对待欺骗的人不妨虚晃一枪；对待老实的人你就老实，对待奸诈的人，你也无须做圣人君子状。人固然要有自尊，但是不能死要面子活受罪。那些有缺点、有野心、有手腕、有争议的"恶人"过的都是好日子，你不妨跟他们学几招。

道德包袱背太多，你是"剩"人而非"圣人"

【当事者说】

小邢是个有道德的老实人。有一天，他到商场购物。买完东西刚走到商场门口，忽然有个女人急匆匆地跑过来对他说："我的肚子痛，需要上厕所，你帮我拿一下手中的这两个包。"小邢看到那个女人很为难，一想助人为乐是良好的道德，便答应帮助她。小邢顺手接过那两个包，在商场门口等着女人来取。可是过了一会儿，商场的几个人出来，将小邢抓住了。原来，他抱着的两个包里放的是没有付钱的贵重商品，他吓得呆呆地站在那里，因为人赃俱获，小邢百口难辩。

【颠倒评判】

自古以来，中华民族就有许多道德观念。"好人有好报"这句话更是流传了千百年。但是在当今社会，越来越多的人在慨叹：好人难做，好事难为！

在车上遇见小偷在行窃，你挺身而出，结果却招致一顿暴打，被窃者怕惹祸上身，早已躲得很远了。你一惯地奉行仁义道德，可是别人对你讲仁义吗？

走在街上，你遇见车祸，司机逃逸了，被撞者躺在地上不省人事。你好心将他送往医院，结果家属来后，一口认定你就是肇事者。你百口难辩，所有的责任都落在你身上。你这件好事做得值不值？

由此看来，受道德观念的束缚，很多人做的好事倒成了坏事。所以说，好人难做一点儿不假。

有一个人，经常以仁义道德标榜自己。朋友向他借钱，他总是难以拒绝，怕说了"不"字，从而伤害对方，更怕说了"不"，与对方日后出现隔阂。他的朋友们深知他老实，手头不方便就向他开口。有一天，有人向他借了一大笔钱，说是要投资创业，这个人又无法将"不"字说出口，结果那人并没经商，钱拿走了，人也不见了。

人生在世，总难免有被小人缠身之时。在小人面前讲仁义道德，不但不会令这些目光狭隘、嫉贤妒能的小人领情，承认这是君子风度，还会使自己被人贻笑为傻气，更会助长其得寸进尺的气焰。所以说，对待小人不能和他们讲仁义道德。

北洋政府执政时期，《选举法》规定，有一部分参议员，须由中央通儒院选举产生，凡国立大学教授，都有选举权。投票时，人到不到场没关系，重要的是，要带张文凭去，便能够登记"投票"了。据说，当时每张文凭可以卖到二百元大洋。在这种贿选的风气下，北大的辜鸿铭也成为被买的对象。一个政客来到辜鸿铭府上，求其投他一票。辜鸿铭一向鄙视这个人的劣行，所以决定戏弄他一番，于是对政客说："我的文凭早已丢了。"

政客说："谁不认识你老人家？只要你亲自投票，根本用不着文凭。"

辜鸿铭说："人家卖两百块钱一票，我至少要卖五百块。"

政客说："别人两百，你老三百。"

辜鸿铭说："四百块，少一毛钱不来，还得付现款，不要支票。"

这个政客要还价，辜鸿铭就叫他滚出去。这个人只得说："四百块钱，就依你老人家，可是投票时务必请你到场。"

选举前一天，这个人果然将四百块钞票和选举入场证带来了，还再三嘱咐辜鸿铭明天必须到场。等这个政客走后，辜鸿铭马上出门，赶下午的快车又到了天津。两天时间，钱花光了，辜鸿铭才回到北京。

这个政客立刻找上门来，大骂辜鸿铭不讲道德。辜鸿铭拿起一根棍子，指着那个政客说："你瞎了眼睛，敢拿钱来买我，你也配讲道德，快给我滚出去！"政客见状不妙，灰溜溜地逃走了。

辜鸿铭在利欲熏心的政客面前，完全抛弃了道德标准，凭自己的机智挫伤了政客的锐气。

先人留下的道德，我们要遵守，但是也要具体事情具体对待。对一个讲道德的人，所谓的道德观念还派得上用场。如果你面对的是一个不知羞耻、不拿道德当回事儿的家伙，就不能一味地做正人君子。否则，你只能吃亏上当。

【颠倒成功学】

老祖宗留给我们许多道德观念。很长时间内，许多人都将这些道德观念视为人生准则，并以此来约束自己的行为，想让自己成为"圣人"。然而，在当今时代，一味地抱着这些仁义道德去为人处世，有时候往往会碰壁。比如在一个根本不遵守道德观念的人面前，讲仁义道德这一套，纯粹是对牛弹琴。所以，奉行仁义道德，也需要看对象。如果面对小人还死守着道德的教条，你不但不能成为圣人，反而会成为"剩人"。

诚实是美德，但说谎的结果有时更美

【当事者说】

晓峰是一个诚实的人，他从来都反对说谎。在生活过程中，不管碰到什么事情他都实话实说。前年，邻居王大爷得了肝癌，医生害怕患者心理压力太大，所以没有将真实的病因告诉王大爷。晓峰从别人口中得知王大爷得了不治之症。他到医院探望王大爷，并对王大爷说："王大爷，得知您得肝癌的消息我十分悲痛，特意过来看望您。您趁有生之年多吃点好的吧，要不然死了会后悔的。"王大爷听晓峰一说，知道了自己的病症，病情更重了。王大爷的家属纷纷责怪晓峰是个不会说话的人。晓峰有口难辩，不是提倡诚实，不说谎话吗？为什么我实话实说，反而遭人烦了呢？

【颠倒评判】

晓峰受到别人的责怪，其主要原因在于他头脑一根筋，不会说善意的谎言，从而引来麻烦。在传统观念中，谎言总被认为是欺骗与虚伪的同义词；撒谎者则常常为人不齿，会失去别人的尊重与信任。然而，在现实生活中，有时候谎言是必要的。

我们从小都接受过这样的教育，那就是要做一个诚实的人，要说真话。但在现实生活中，我们每个人都说过一些违心的话，比如，你在医院看望一个即将离开人世的重病患者，你会鼓励他："好好休养，早日康复。"明知这是违心的话，但是你却说了，而且说的是那么合乎情理，听者是那么心情愉悦，这表现出一个人善良的胸怀；你在完成一项艰苦的任务后，当上司问你累不累时，你会果断地回答："不累。"在你使出所有的力量喊出这两个字的时候，你已经筋疲力尽，而你却违心地说出这两个字。其实，说真话并没有错，在原则性问题上，我们必须说真话、办实事，这一点不能马虎。而当环境与场合需要我们说一些谎言时，我们不妨说两句违心的谎话，这样会取得很好的效果。

《闯关东》中的夏掌柜说："没有人愿意和总是虚伪、圆滑的人打交道，但是一味的诚实，却也容易伤害人。所以，生意人讲究的是大诚实，即在适当的时候，对适当的人，说适当的话。"倘若坦率无忌是一种伤害，那么就请选择机智的"谎言"。

20世纪一架美国运输机在沙漠里遇到沙尘暴袭击迫降，但是飞机已严重损坏，不能恢复起飞。通讯设备也损坏了，和外界通讯联络中断。9名乘客和1位驾驶员陷入绝望中，求生的本能使得他们为争夺有限的干粮与水而发生争执。

在紧急关头，一个临时搭乘飞机的乘客站出来说："大家不能惊慌。我是飞机设计师，只要大家齐心协力听我指挥，就能够将飞机修好。"这好比一针强心剂，使大家的情绪稳定了，他们自觉节约干粮和水，一切井然有序，大家团结起来与风沙困难作斗争，希望很快就会脱离危险。

十多天过去了，飞机并没修好。但是有一队往返沙漠里的商人驼队经过这里时搭救了他们。几天后，人们发现那个临时乘客根本就不是什么飞机设计师，他是一个对飞机一无所知的人。可见，善意的谎言是人们对事物寄托的美好愿望，是人们的内心对白，是人们彼此间相互安慰的一丝暖意……谁也不会去追究这句话的真实性，即便知道是谎言也会相信，不会觉得说谎者很虚伪。善意的"谎言"，体现着情感的细腻与思想的成熟，促使人执著坚强，最终战胜脆弱，走向成功。

生活中难免会碰到一些棘手事情，这时候便是考验我们头脑的时刻。有智慧的人，懂得采用巧妙的谎言去解决问题，呆笨的人只能在棘手的事情面前无可奈何。

法国著名女高音歌唱家玛·迪梅普莱有一处美丽的私人庄园。每到周末，总有人到她的园林里摘花、采蘑菇，有的甚至搭起帐篷在草地上吃饭，弄得园林狼籍不堪。管家让人在园林四围筑上篱笆，并竖起"私人园林禁止入内"的木牌，却没起任何作用，园林仍然遭到破坏。于是，她就让管家做几个大牌子立在各路口，上面清楚地写着：倘若在园林里被毒蛇咬伤，最近的医院距此10公里，驾车大约需半个小时才能到达。从此，再也没有人闯进她的园林，保护园林的难题就这样解决了。

显然，玛·迪梅普莱是用说谎的办法解决了问题。

在现实生活中，并不是每件事情能说出所以然来就是对的，生活中充满着各种摩擦，需要一种能够起到润滑、缓冲等作用的东西，而要缓冲，解决这些摩擦就要智慧，善意的"谎言"就是这种智慧的运用，有了它我们的生活就会多一些忍耐和宽容。这样，我们的世界才会充满乐趣，充满爱。

【颠倒成功学】

小时候的教育告诉我们，要说真话，做老实人，视说谎为不道德的行为。然而，生活中有些事情不需要真实，倘若太求真，往往会伤害别人或自己。还有些时候，一味地求真会使自己陷入危险境地，而善意、机智的"谎言"往往会使自己解脱。所以说，在适当的时候，说适当的"谎言"是一种智慧的体现。

无私不一定对，自私不一定错

【当事者说】

大海与小海是一对亲兄弟，二人同在远离家乡千里之外的都市上大学，哥哥大海上大二，弟弟小海上大一。星期六中午兄弟二人吃午饭，要了两碗牛肉面，可是非常不巧，有一份是刚煮好的，另一份还在煮，要等一会儿才能好。于是老板就先给二人端上了一碗。大海想：我是哥哥，离家在外，有责任照顾弟弟，所以这碗面应该让弟弟先吃；而弟弟小海则想，我是弟弟，应该对哥哥礼让，这碗面应该让哥哥先吃。兄弟二人推来推去，结果另一碗面还没上来，哥哥大海一气之下走了，小海见自己的一番好意而哥哥不领情，也很生气。结果这顿饭兄弟二人谁都没吃。

【颠倒评判】

不知道从何时起，"私"被投上了贬义色彩，"中饱私囊"、"自私自利"、"徇私枉法"让人们对"私"深为痛恨，"隐私"、"私情"、"私房"……让人们对"私"避之不及。求私利，真的应该让人深恶痛绝吗？

当然不是。美国有位智商很高的天才心理学家马斯洛，提出一个"层次需要理论"，将人心剖析成为一座金字塔。塔尖是"自我实现"，往下依次是尊重需求、社交需求、安全需求、生理需求。这五个需求从低到高排列，从而支配着人心的运动。人的每一个行动，几乎都受这些"私欲"支配。

电影《投名状》中，为何土匪们喜欢跟着"李连杰"去打仗？因为他们没吃没穿没媳妇，而"李连杰"向他们许诺："进舒城，抢地盘，抢女人！"于是，他们愿意用青春赌明天、用胸口堵枪眼。可见，"私"是能够活下去的前提。为自己谋私利，是正常的。

在本文开篇所讲的事例中，大海与小海兄弟二人不欢而散，究其原因就在于二人太"无私"了。可能每个人都能够做到让自己最好，恰恰也是对方愿意看到的。但从某种意义上说，正是每个人的自利行为，促进了社会的发展。

"厚黑教主"李宗吾先生认为，人都是自私的，谋私利是人的天性。你看刚出娘胎的小孩子，为了活命，本能驱使他去抢妈妈手中的食物放在自己手里，如果有人跟他抢，他就会推他打他。不能认为这是"不懂事"的小孩子做出的任性举动，这完全是一种出自人类本能的"良知良能"。这个"良知良能"如果很好地发挥，完全可以让人成就一番事业。

中国历史上的旷代明君唐太宗，为了争夺皇位，就是先杀他的哥哥李建成，再杀他的弟弟李元吉，又逼迫父亲将天下让给他。这种举动，正是出于自私的本能。

无独有偶，宋太祖赵匡胤临死前寝宫里有着"烛影斧声"的举动，然后赵匡胤就死了，弟弟赵光义便坐上皇帝位。这个悬疑故事有个公认的解释，就是弟弟为了权利杀死哥哥。

倘若说"公理"就是公认的道理的话，那么，"私利"，就是最大的"公理"。这私字，由"禾"与"厶"组成，前者表示意思，后者表示读音。私，本意就是庄稼。将庄稼收割了就会有饭吃，吃饱肚子是人类最起码的"私利"。可见，追求私利是天经地义的事情。没有私，哪有公？个人需要依赖集体，但是有了个人才有集体。所以，合法的私利的正当性毋庸置疑。

下面这个故事可能有助于改变你的认识，使你明白为自己谋私利的重要性。故事来自于美国作家欧·亨利著名的短篇小说《麦琪的礼物》。

吉姆和德拉是贫穷且彼此深爱对方的小两口。吉姆有一只祖传的金表，但是穷得没有表链；而德拉有一头令所有女子嫉妒的褐色秀发，但一直没有钱去买她心仪已久的一套梳子。圣诞节的前一天，贫穷的德拉想给丈夫吉姆一个惊喜，可是她手上的钱根本不够买什么好的礼物，于是她把引以自豪的褐色瀑布似的秀发剪下来卖了，换来了20美元。找遍了各家商店，德拉花去21美元，终于买到一条朴素的白金表链，这可以配上吉姆的那块金表。而吉姆也想给老婆一个惊喜，他同样卖掉了引以自豪的金表，买了德拉羡慕渴望已久的全套漂亮的梳子作圣诞礼物。

可是，德拉暂时不需要梳子了，因为她卖了秀发为吉姆买回了表链；而吉姆再也不需要表链了，因为他卖了挂表为德拉买了梳子。

从爱情的角度来看，每个读者都会为这两个真心相爱的人所感动。就像欧·亨利在作品的结尾写道："在一切馈赠礼品的人当中，那两个人是最聪明的。在一切馈赠又接收礼品的人当中，像他们两个这样的人也是最聪明的。无论在任何地方，他们都是最聪明的人。"但是从另外的角度分析，我们却可以得出他们的选择并非理性的结论。如果把这件事视为一场博弈，假设小两口往常过着平淡而心心相印的生活。吉姆卖表买梳和德拉剪发换链同时发生，那么他们一定都非常伤心，伤心做了永远难以弥补的蠢事。从这个博弈的结果中我们可以看到，吉姆与德拉所选择的"为对方考虑"的策略，恰恰出现了令双方都伤心的结局，而可以设想，假设他们中的任何一个人稍微地"自私"一点儿，那么出现的结局反而是皆大欢喜。

从某种角度说，人人都有自私的一面。这是提升自己能力的好途径，也是社会进步的基础。如果每个人都缺乏自私的一面，不为自己做考虑，不去追求自己的最大利益，社会发展将从何谈起？

【颠倒成功学】

人们都习惯于赞扬无私的人，而对自私自利者颇有微词，觉得自利行为一定会损害别人。那么，所有的自私自利行为都应该被贬斥吗？有句俗话说得好："人不为己，天诛地灭。"其实，谋私利是人的天性，也是人的本能。从某种意义上说，一个人只有学会合法地谋私利，自己才能得到突破性的发展。所以说，私利是你发展进步的动力，合法的私利应得到保护。

要想有头有脸，就先拉下面子

【当事者说】

　　王振大学毕业后，在求职的道路上屡屡受挫，因为他没有工作经验，也没有一技之长，想找到一份称心如意的工作无疑是难题。一晃半年过去了，王振眼看连吃饭都成问题了。不能这样待下去了，得赶快找事情做。当他找不到合适的路子时，朋友小杜告诉他，不如去摆地摊，做小本生意，这能够维生。王振却认为，我堂堂一个大学毕业生，怎么会从事小摊小贩一样的工作呢？简直太丢人了。他不肯去做，日子只能是越过越困难了。

【颠倒评判】

　　王振的错误认识，是许多人意识上的一个弊病，那就是"面子比什么都重要"。一味地顾全面子，却使自己吃了很大的亏。

　　从古至今，中国人很爱面子，甚至有的人认为面子比命还重要。比如，在乌江边自刎而死的西楚霸王项羽，他就是认为面子比命还重要的典型。垓下之战失利，项羽觉得"无颜见江东父老"，于是选择了自刎，为面子输掉了江山。在现实生活中,有一种说法叫"面子杀人",意为,有时候为了面子,可能使自己受到伤害,甚至牺牲了自己。在当今时代,什么都讲实惠,有再大的面子,一点实惠没有,死要面子活受罪,所以这个面子还是不要为好。

孟子曾讲过这样一个故事:齐国有一个人,娶了两个媳妇,共处一室。他每次出去,都等到酒足饭饱后才回来。妻子问他都和什么人在一起吃饭,他说和达官贵人一起吃的。妻子告诉小妾说:"丈夫出去,总是吃饱喝足才回家,我问他都和谁一起吃饭,他说全是有钱有势之人,但家里从来没有富贵的人到来,我想要悄悄地跟在他背后看看他到底去什么地方。"

第二天清晨,等丈夫出门后,妻子悄悄地跟在他的后面,看他走遍全城也没有一个人站住和他说话,最后他来到城东边的坟地,走到祭祀的人跟前,向人讨要祭祀剩下的食物,这就是他填饱肚子的方法。

妻子十分生气,回来据实告诉小妾,气愤地说:"丈夫是我们终身依赖的人,现在竟然如此!"她就跟小妾一起骂丈夫,骂完,两人对泣,丈夫不明白,高兴地从外面回来,对妻妾仍然表现出一副高傲的神态。

虽然孟子没将故事结局交待清楚,但是可以想象那个丈夫肯定被妻妾们骂得威风扫地,不能自容。

这个故事很有趣,很好地揭露了死要面子活受罪这个道理。

原太平洋集团董事局主席严介和曾说过一番倍受争议的话,他说:"什么是脸面?我们干大事的从来不要脸,脸皮可以撕下来扔到地上,踹几脚,扬长而去,不屑一顾。"他认为不将自己当回事,不将面子当面子,视面子为虚无,这才是一个干大事的人应有的风度。他的话虽然偏颇、尖锐了些,但是仔细想来,还是有一定道理的。

实际上，面子是人生的第一道障碍，聪明的人绝对不会做"死要面子活受罪"的人，太爱面子，就会失去机会，将自己看得太重的人，很难成就大事。要干大事就不能将面子看得过重。许许多多的成功者，就是因为抛弃了面子，才走上成功之路的。

南存辉，从昔日温州城内辛苦劳作的小修鞋匠，几经奋斗成为资产超过亿万美元的富豪，正泰集团公司的董事长兼总裁，连续三年登上福布斯中国富豪榜。这一切成就都是他抛弃面子取得的。

南存辉的父亲是一位老鞋匠。南存辉13岁初中刚毕业，父亲因伤卧床不起。作为长子，南存辉辍了学，开始继承父业。13岁至16岁，他每天挑着工具箱早出晚归，一晃就是三年。

修鞋时，南存辉就发现了一个改变他一生命运的良机。当时乐清柳市有很多供销员在全国各地跑供销，他们带回了许多信息，由于当时国家实行的是计划经济体制，工厂卖出的都是整机，并且大多都是成批量卖的，机器的一个零件坏了往往难以买到。具有经商头脑的柳市手工业者巧妙抓住市场需求，将坏机器拆掉卖零件，不少先行者开始制造机器零件。16岁的南存辉找了几位朋友，到处借钱，最后在一个破屋子里建了一个作坊式的"求精"开关厂。

南存辉赚钱的方法，就是将一切所谓的面子抛下，敢做敢闯。因为南存辉在低压电器领域没有杂念，一心想向前冲。目前，他带领的正泰集团已经拥有六千多名员工，总资产达到8亿元。

要想成就一番事业，就要拿出不要面子的勇气来，不要将自己当回事。你不要把自己当成大学生、研究生，把自己当成是尖子，当成天之骄子，这个社会不是要你面子的，这个社会是要你理智的，要看你的实际成就的，闯出来了，成功了，才有面子，否则没有谁会在乎你的面子。

面子是什么？面子是人们为了逃避某种责任的借口。面子要靠什么支撑？倘若连温饱问题都不能解决，要面子又有何用？说到底，面子问题其实还是人们观念的问题。抛弃面子，不被一些观念束缚，你就能获得事业的成功。

【颠倒成功学】

面子是人最注重的，因为谁都明白有面子就会有尊严，没面子就低人一等。人有脸，树有皮。人活的就是一张脸面，好脸面无可厚非，没脸没皮怎么能不让人轻视呢？但有的人往往因为要面子而使自己受委屈，这就叫死要面子活受罪。要想干一番事业，不能被面子左右，大胆地丢掉面子，你会活出一个崭新的自我。

与人为善，有时更要伪善

【当事者说】

张先生心地善良，与人打交道生怕别人吃亏。前年下岗后，张先生自己创业，开了一个小饭馆。开业伊始，张先生就碰到了强硬的竞争对手。他饭馆隔壁的饺子馆，在市场竞争中处处牵制张先生。饺子馆老板看到张先生的饭馆中人流众多，就在门口散布谣言，说张先生的饭菜不卫生，吃了容易生病。张先生听后并没说什么，只是竭力向顾客坦白。尽管这样，有些顾客还是转身离开了。饺子馆老板为了达到彻底击败竞争对手的目的，一次，竟然在深夜砸了张先生的招牌。张先生虽然知道是饺子馆老板所为，但是善良的他并没有对对方做出过激的行为，而是向对方讲了一些公平竞争的大道理。不料想，张先生的善良反而成为对方攻击他的弱点，饺子馆老板一而再，再而三地给张先生制造麻烦。无奈，张先生只好将饭馆关张。面对对手的恶意竞争，张先生发出这样的慨叹：这世界好人难做呀！

【颠倒评判】

张先生的结局固然值得同情，但是细细琢磨，张先生的善良已经成为一种懦弱，因为他面对的是搞恶意竞争的人。在市场竞争中，张先生一定要比对手还"心狠"才行，这样才能占上峰。他一味地迁就对手，等于给自己挖下一口陷阱。传统观念认为，为人处世要忠厚善良。这个观念是在没有考虑人心的基础上提出来的，其实人心本来就是恶的，碰到恶人你还善良地对待他，那无疑是愚蠢的做法。

与人为善不是与恃强凌弱的人相处的办法，正如俗话所说："人善被人欺，马善被人骑。"与恶人为善对自己来说，本身就是不正确的。

为人处世太老实、善良要被别人欺负，别人会将你当做傻子，认为你软弱好欺，甚至骑到你脖子上，这是令人难以容忍的。

在商业竞争中，大凡企业家都提倡创新、诚信与协作，却没人提倡善良，因为与对手竞争，如果你太过仁慈，就会错失良机，无法赢得成功。

商场如战场。《闯关东》中朱开山与潘五爷之间的争斗用战场形容一点都不夸张。朱开山从山东到哈尔滨后，潘家为保存自己在街上的强大势力，不断地与朱家为难，想从此街挤走朱家。

潘家制造的麻烦中，最明显的就是马肉事件。朱传文一时贪便宜，中了圈套，将马肉当牛肉买了做菜，"朱家菜馆将马肉充牛肉"的事顿时传遍整条街。面临残酷的竞争，朱开山没有忍气吞声，为了保住自己的市场地位，他亲自带着朱传文挨家挨户给每户人家道歉，同时借着下棋给潘五爷传话，让他知道好歹。

很多时候，面对潘家的竞争，朱开山则采用一忍二斗三赌的方法，使潘五爷在不断紧逼、屡战屡败、失财丧子的情形下，痛悔其所作所为，最终离开大街，使得商场重新恢复了正当竞争的局面。

从朱开山与潘家的争斗中我们可以看出，商业竞争往往是一场你死我活的较量。所以，在竞争面前，不能一味地妥协退让。这样往往会使竞争对手占上峰，从而使自己处于被动。所以，面对竞争对手，要步步紧逼，不给其回旋余地。

成功其实也可以说是一条充满血腥的道路。虽然并不是说像宫廷斗争一样激烈到非杀出个你死我活的地步，却也是非常残酷的。当有人阻挡了你前进的道路，你应该怎么做？有的人是退让，有的人是拼杀。一般来说，每个人都想不与人争斗，但是有时候，如果你不去争斗，你就不能取得成功，因为他的存在阻挡了你的道路，阻止你走向成功。所以，如果有人是你成功路上的绊脚石，等时机成熟了，就别再犹豫，一脚把他踢开！

【颠倒成功学】

与人相处要友善，可是，不分原则的友善也是不可取的。比如，你面前碰到的是坏人，你以善心对他，无疑会成为东郭先生第二。另外，在竞争激烈的商场上，尤其是与竞争对手角逐时，也不提倡过于友善。因为商场上的竞争是你死我活的角逐，如果你以慈悲为怀，在竞争对手面前妥协，你的成果就会被竞争对手获得。所以说，与人为善并不是错的，但是要具体事情具体对待。

言出亦可不必行

【当事者说】

　　张军的同事杨永要结婚了。杨永告诉张军，他结婚需要很多钱，看张军能否借点钱给他，并许诺两年后一定还他。张军知道杨永平时的为人——他借钱从来都不会主动归还。但是，张军不好意思拒绝，虽然自己并不富裕，但还是许诺借给杨永两万块钱。这下可好，张军虽然许下诺言，但是身边哪有这么多钱呢？不借吧，又向人家许了诺，这不失信了吗？没办法，张军只得到处筹措。张军将钱借给杨永，自己的生活越来越紧张。三年过去了，杨永还没有归还借款。张军愁苦不堪，后悔当初不应该履行自己的诺言，将钱借给一位不守信用的人。

【颠倒评判】

　　古人信奉"言出必行"的教条，认为一个人对别人许了诺，就有必须履行诺言的职责。其实，这句话要根据情况来灵活运用。比如，和一个不守信用的人打交道，倘若他做不到一诺千金，你也不要言出必行，最好的办法是不轻易许诺。

　　上文中的张军就犯了"轻易许诺"的错误：自己不具备借钱能力，又知道杨永的为人，但他还是坚持一诺千金的原则。结果，张军遵守诺言将钱借给杨永，杨永却不守信。所以说，对待不守信的人，你也没有必要言出必行。

　　一个富商临终前告诉自己的儿子："你要想在商场取得成功，一定要记住两点：守信和聪明。"

"那么什么叫守信呢？"儿子问道。

"倘若你与别人签订了一份合同，而签字后你才发现你将因为这份合同而倾家荡产，那么你就无可奈何了。"

"那么什么叫聪明呢？"

"不能签订这份合同。"富商说。

既然你已经许下诺言，那么不论是什么样的事情，你都不能反悔。但是怎样才能做到不失信于人呢？最好的办法就是——不能签订这份合同。

虽然说为人是要言而有信，但是却并不是连毫无原则的事情都答应。对于超出自己能力范围或者违背做人原则及法规的事情必须拒绝。这就是商人给儿子留下的珍贵遗产。

世界上有些事情往往说得做不得，比如对于一些会影响到自己安全的要求与问题，可以在表面上说说，至于是否做，那就要具体情况具体分析了。

刘君是某教育局的人事科长，经常处在矛盾中，上级的话他不能不听，违心的事也要去办，下边的事不敢应，一应就是一大串，他的官做得很苦。

在张君十分苦恼的时候，一位朋友提醒他，面对矛盾，你为何不采取只说不做的办法，这样能够使你得到解脱。这使刘君幡然醒悟。掌握了这种处理矛盾的秘诀，刘君轻松多了。

有一次，张副局长让刘君想办法将其高中没毕业的儿子安顿在某中学去当老师。这不符合政策，让刘君为难，因为倘若出现问题，他会承担责任，而张副局长不会承担任何责任。这时候，刘君想到了只说不做的智慧。他对张副局长说："我会尽心尽力为您办这件事的，您让您的儿子将他的毕业证、档案材料给我拿来。"

张副局长的儿子来了，但只有档案材料，没有毕业证，刘君让他先回去等通知。

过了几天，张副局长又问及这件事，刘君先说了一下他儿子的情况，随后说："张局长，我说话算数，您跟那所学校的校长谈一下，只要他们接收，我就将关系开过去。"

张副局长从刘君的话里已经听出了弦外之音，只好说："那就先放一下吧。"

刘君对张副局长的不合理要求并没采取对抗的办法，而是只说不做，巧妙迂回，达到了保护自身的目地。

在社会中与人相处，如果碰到不守信用的人，你还一味地言出必行，那么吃亏上当的无疑会是你自己。

奚亮是某影视公司的职员，本来他没想过跳槽，但是就在两个月前，另一家影视公司因为扩大业务而招聘，他们找到奚亮，许诺了很高的待遇，想将他拉过去，奚亮开始动了心。

经理对奚亮的辞职感到意外，当得知他是因为薪金问题而跳槽时，就大方地同意为他加薪。经理满脸诚恳："我们共事这么多年了，感情是最重要的，以后有我吃的饭，就不会饿着你。"

奚亮没有想到经理会对自己如此重视，他感到很高兴，于是他对经理许诺，即使不涨工资，也要留下来。第二个月，经理果然没失言，遵照承诺数目给奚亮加了薪。

然而，正当奚亮决定安心报答经理知遇之恩时，经理却和他谈话了，要他立刻另谋高就。奚亮说："当初我有路子时你竭力挽留，现在没路可走了，你却让我走？你这不是成心要害我吗？"

经理说："当初你要去的公司是我们强有力的竞争对手，你虽然不是什么人才，可是他们如此轻松地挖我墙脚，传出去不好听。我所以挽留你，没有其他复杂原因，现在你可以走了。"

奚亮听了老板的话后，顿时醒悟，后悔当初自己对一个不守信用的人许诺。

可见，对于一个不守信用的人轻易许诺，并无反悔之心，往往会使自己吃亏，就像奚亮的处境一样。对待不守信用的人，最好的做法是要么不许诺，要么许诺后暂时不去行动，要相机而动。

【颠倒成功学】

古人经常用"一诺千金"这个词来概括遵守诺言的重要性，并且讲求"君子一言，驷马难追"。这条原则运用到为人处世方面有时则会让人吃亏上当。其实，重诺守信并没有错。然而，不分对象、不分原则地重诺也是不可取的。倘若在一个不守信用，没有道德底线的人面前，大肆渲染"言必行，行必果"，只能算作白痴的做法，这样做往往是"守诺反被守诺误"。所以，对待这种人，千万不要忘了"别轻易许诺"和"说到不一定做到"两条原则。

做个有野心、有缺点、有手腕、有争议的"四有新人"

【当事者说】

刘明在公司里是公认的没有"缺点"的人，他工作刻苦、做事认真。

虽然刘明有很好的声誉，但是他的地位却明显不如同事邓月。邓月说话粗鲁，也不注重生活细节，在同事眼中是一个邋里邋遢的粗鲁人。然而，上司却很看好邓月。看着邓月从基层步步高升，刘明很惊讶，为什么像我这样的没有缺点和争议的人，却不如一个满身缺点，备受争议的邓月呢？后来刘明才明白，邓月虽然有很多缺点，但是他从迈进公司大门的那一天起，就将如何得到上司的器重，怎样步步高升视为发展动力。邓月工作成绩很突出，又很会与领导和同事们处理关系。领导和同事们都对他的工作能力和交际手腕感到钦佩。刘明很懊恼，这年月难道"野心"与手腕也是成功的资本吗？

【颠倒评判】

刘明这种埋怨，是受传统观念的影响。传统观念视有野心、有缺点、有手腕的人为"大逆不道"，觉得这种人心机过重，老奸巨猾，不可交往。其实这种看法未免有偏见。从古至今，一些成就大业的人，往往都是有野心、有手腕、有缺点、有争议的人，也正是所谓的野心、手腕、缺点、争议推动着他们步步走向成功。

在滚滚的历史长河中，曹操无疑是争议最多的一位人物。在多数人眼中，曹操是一个反面人物，是一个阴险、蛮横、歹毒之人。其实，人们所关注的只是表面现象，一味地以表面的东西来判断一个人的好坏，从来都不看其隐含的实质东西。

人们认为曹操"托名汉相，实为汉贼"，后来曹操的儿子曹丕"篡"了汉献帝的位，曹操就顺理成章地被尊为魏武帝。如果这样算来，曹操也就算是"篡"了位。做臣子的篡了君王的位，难道不是奸贼吗？

当然，我们也可以说这仅是片面之见。当时曹氏代汉，应该说是水到渠成、顺理成章的事。如果说一些改朝换代者都是"反叛"、"篡夺",那么可以说,自商周以来,在我国历史上难以找到合法的朝代了。

还有一个原因就是曹操为人奸诈,喜欢玩弄权术,不是正人君子的做法。一般的君子都是光明磊落、坦荡的,史书上关于曹操使诈的事例很多。《三国演义》里有这样的记载:曹操生怕遭人暗算,便扬言他睡梦中好杀人。他还对侍臣和姬妾们说:"当我在睡觉的时候,谁都不可随便靠近我,一靠近我,我就会杀人,而且我自己也不知道。"有一天,曹操佯装熟睡,故意没将被子盖好,一个近侍忘了曹操"梦中杀人"的话,去给他盖上被子,结果此人好心未得好报,被一跃而起的曹操一剑砍死了。从此后,曹操睡觉时左右谁都不敢靠近他的卧榻了。

曹操残暴嗜杀,曾杀死了汉献帝的皇后伏氏、贵人董氏以及伏氏、董氏的亲属。在有些人看来,这是其"谋逆"的铁证。不过,曹操是因汉献帝与伏氏、董承等阴谋除掉他时才痛下杀手的,本来就属于自卫,根本就谈不上大过。只是在三国时期,人们对每一个人物的角色定位不同,而曹操就被注定是"奸雄"。

但是如果从客观、正面来评价曹操,曹操可以称做政治家、军事家、文学家,是三国时期首屈一指的英雄。他志向远大、知人善任;他逐步消灭了北方的军阀与匪盗,统一了北方的广大地区;他指挥军队开垦荒田,抑制豪强,兴修水利,发展经济,为以后晋朝统一全国奠定了坚实的基础;他外定武功,内兴文学,为后人留下了许多名篇佳作。

曹操与袁绍、袁术、刘备、孙权相比,是对汉朝贡献最大的一个人。曹操曾说:"如果国家无有孤,不知当几人称帝、几人称王。"这并不是夸张的说法。不仅曹操至死没有称帝,在他活着时刘备、孙权也不敢称帝。说曹操"名托汉相,实为汉贼",他打算做的事情在生前基本已经做完,他死也瞑目了。但这样看来曹操"至少是一个英雄"。

"是金子总会发光的",历史证明了曹操是一个智慧的人。自董卓后豪杰并起,曹操比袁绍则名微众寡,然而曹操却运用"挟天子以令诸侯"的策略,击败袁绍;巧用离间计瓦解韩遂与马超的信任,平西凉之乱。这些都是曹操雄才大略的体现。作为一代豪杰,曹操有着独有的奸诈,更有着超群的智慧,正是由于这两点汇聚在曹操身上,才赢得了世人对他独特的评价"奸雄"。

在众人看来,曹操无疑是有野心、有缺点、有手腕、有争议的人,然而正是这野心、缺点、手腕、争议,使他成就了一番事业,尤其是他在文学、国家统一方面做出的贡献,对后人影响很大。

在当今职场上,大凡一些有野心、有缺点、有手腕、有争议的人,往往也会成就一番事业。

电视剧《亮剑》中的独立团团长李云龙,就是这样一个人物。常言讲得好:"军人以服从命令为天职。"可是李云龙却经常抗命,将上级的指示当做耳旁风。李云龙也没有什么文化,他很粗鲁,讲起话来脏话连篇,甚至还多少带有一点儿匪气。但是,就是这样一个人,领导却十分器重他,友军特别佩服他,敌人格外重视他。他为什么会得到领导的重视呢?用他上司的话讲叫"打仗鬼点子多",他办事有方法,作战出成绩,能够打硬仗,所以他同样是上司眼中的"红人"。

可以说,当今时代,一个没有缺点、争议、野心、手腕的人,往往难以成就一番事业。因为他们没有远大的理想和抱负,做事不讲求方法,害怕别人的闲言碎语,这样的人一生往往会碌碌无为。所以说,不要害怕缺点、野心、手腕、争议,这些因素往往是成就你事业的必要条件。

【颠倒成功学】

　　传统观念认为，一些有野心、缺点、手腕、争议的人，他们的人品是经不住考验的。其实并非如此，在实际生活中，大凡那些有野心、缺点、手腕、争议的人往往成功了。因为野心成为他们奋斗的动力，缺点有时也会成为优点，手腕是他们做事成功的条件，许多的争议为他们的人生提供了借鉴。

第三章 颠倒看理想——
别跟我谈理想，戒了

每个人都有过若干不靠谱的理想，幼年时要当科学家、教授和大老板，但是绝大多数人都中途放弃了。一方面是不能坚持，另一方面是理想太过遥远，没有可行性。所以，颠倒过来审视一下自己的理想，是不是定得太高了，是不是自己的行动不够，是不是自己眼高手低，是不是自己耗费了太多精力和时间在"兴趣"上，却没有让兴趣为理想服务。很多人失败，一方面是因为想得多，一方面是因为想得少——假大空的东西想得多，切实可行的东西想得少。

理想就得理性地想，胡思乱想是幻想

【当事者说】

　　张涛是一个不甘平庸的人，在孩提时代，他就有过许多理想。他想当政治家、军事家、文学家……但是，当他年龄渐长，有一定阅历的时候，他似乎觉得自己的现实离理想越来越遥远。那些曾经设定的远大理想，变得越来越渺茫。张涛想不通：古先贤都说远大的理想造就远大的前途。我从小就有远大理想，为什么上苍竟不给我机会，让我实现自己的理想呢？

【颠倒评判】

　　张涛这种迷茫，可能人皆有之。少年时代，曾经有多少人树立过各种各样远大的理想。这些理想成为他们人生的动力，激励着他们去拼搏、进取。但是，当到了一定年龄，发现自己的理想与实际越来越远时，许多人都会丈二和尚——摸不着头脑。不知道为什么人常说的远大理想带来远大成就竟然如此经不住考验？

　　不知你仔细考虑了吗，你的理想是否与你的实际情况相符？你自身是否具备实现理想的条件？你是不是为你的理想尽了最大的努力？这些问题，如果答案是否定的，那么就是你的理想不理性，只能算作胡思乱想。

　　什么是理想呢？顾名思义，理想就是同奋斗目标相互联系的有实现可能的想象。倘若延伸开来，理想应该是一个奋斗目标，是一个能够实现的目标，并且是需要努力才能实现的目标想象。也就是说，理想就是理性、现实的想法，胡思乱想则是幻想。幻想往往难以实现，只有脚踏实地地为理想去努力，才能实现自己的追求。

从孩提时代起，每个人都有理想，有的想当作家，有的想当艺术家，有的想当科学家……理想没有高下之分，而且有理想的日子是快乐的，所以有理想的人便是世上最快乐的人。

有一个20多岁的男青年，从小就想当作家。高中毕业后，他到城里饭店做服务员，经常受老板的气。那时，他就想将来有钱后定要自己开一家饭馆。当他有了自己的饭馆，起早贪黑地买菜做菜，夜晚临睡前数着大把的钱时，他想：这难道就是我想要的生活吗？从那时起，他拿起笔，每天写作到凌晨，而五点多钟，他还要起床，还要骑车去买菜。后来，他的文学作品出版了，再后来他受聘于几家报刊做主编。他认为，只要是贴合实际的理想，努力去奋斗，就一定能够成功。

正因为我们有理想，我们才能不断地超越自己，理想推动着我们前进。没有理想的人生是平淡的人生，没有理想的人生也是平庸的人生。只要你的理想是理性的构想，就一定能够实现。

美国有位教授，现在已经是英国皇家地理学会会员。早在十多岁时，他就将一生想干的事情列成一张表，称之为"一生的理想"。这张列表写着尼罗河、亚马逊河和刚果河探险；攀上珠穆朗玛峰和马特荷恩山；驾驭大象、骆驼，主演一部电影；驾驶飞行器起飞和降落；谱一部乐曲；写一部书；游览全世界所有的国家；结婚。他将每项计划都编上号，总共是120个目标。截至2001年他69岁的时候，在他经历了十多次死里逃生和许多艰难困苦后，他已经实现了其中的100多个目标。

或许你会觉得他活得很累，但是这位教授却说："正是因为我一生都有理想，都在不停地追梦，所以我感到十分幸福，生活中充满了快乐。"

一个人在给自己定理想时，千万不能忽视切合实际这个条件。与现实

— 62 —

不符的理想只能是空想，或者幻想，这是难以实现的。

小李家境贫困，大学毕业后，找了一份普通工作，但他内心早已厌烦了过穷日子，连做梦都想着发财。然而，工作仍旧是很平淡的，收入一直是微薄的，小李感到很扫兴，可他却没有办法。想象里的富有和现实中的穷困形成巨大的反差。他每天都在重复着这样的生活。他感觉自己的工作和收入根本不会使自己致富，干了几个月，他便辞了职。

小李辞职后，一下陷入迷茫中。起初他很想自己创业，可是想到自己的钱不多，而且创业还有很多困难。他犹豫不决，始终没去实践。然后，他想依靠写作获得财富，可是他的文笔不好，连一篇像样的作文都写不出来。如果写长篇小说，实在没有把握，自己根本没有耐心，于是他迟迟不肯动笔。日子一天天过去了，眼看着手里攒的钱逐渐花完了，他心中很焦急，只得出去打零工。他的朋友有的通过创业赚了钱，买了房；有的工作出色，晋升很快……可是他却始终工资微薄。他后来，开始专心致志地研究彩票，一直都没有认真工作。于是，他幻想的生活也就成为空中楼阁，永远难以达到。毕业几年后，他始终没有摆脱贫穷，甚至连吃饭都成问题了。

小李是一个典型的喜欢幻想的人，他想过富裕的生活，却一直畏首畏尾，没有去行动，最终所有的想象只能成为空谈。现实生活中，像小李这样的人为数不少。

"守株待兔"的成语众所周知，很多喜欢幻想的人就像那个等待兔子撞在树上的人一样，希望成功从天而降。殊不知，幻想时，脚下田里的草正在疯长。许多人之所以没有成就，正是由于长期幻想所致，因为喜欢幻想的人很少去争取实现理想的良机。

其实，有向往成功的理想固然是好事，但是如果只是幻想，那么任何辉煌的蓝图都只能成为乌托邦。所以，幻想要不得，如果一个人只会幻想，不懂得去奋斗，那么他就不能成功。

【颠倒成功学】

先前，人们经常认为：有远大的理想就能实现远大的抱负。其实，仔细琢磨，这句话是经不住推敲的。可以想象，如果你空有远大的理想，但是这些理想与现实条件，与你的实际情况格格不入，那么你的理想只能算作空中楼阁。所以说，有理想并不可怕，可怕的是你的理想不理性，这样只能算做空想和幻想，抱着空想和幻想去追求成功，只能是离成功的道路越来越远。

过早的人生目标就像早恋，很少有圆满的结局

【当事者说】

张英是一个有志向的人，为了以后能有长远的发展，她从小就给自己设定了许多人生目标：15岁时读完"四大名著"；20岁时创作一部长篇小说；30岁时开一家公司。为了实现这些目标，张英做了很多的努力。然而，从小学到初中，她每天都致力于书本功课，根本无暇顾及课外知识，"四大名著"一部都没读完；当她20岁的时候，正在上大学，由于人生经验还不丰富，完成一部长篇小说对她来说谈何容易；30岁时，她还在上班，根本没有创业的经验和开业的资金，她先前的创业理想只能成为空谈。如今，30多岁的张英回首以前定立的人生目标，未免愁苦：自己辛辛苦苦订立的人生目标，竟然一个个都破产了！

【颠倒评判】

　　张英定立的人生目标早夭，不由得让她发出命运捉弄人的感叹。因为在她的心目中，早定立人生目标，能够为自己的发展指明方向，更能促进她的快速发展。这也是很多人的普遍想法。然而，当今社会变化之快，让人难以想象。虽然有的人很早就有了人生目标，可是随着年龄的增长、岁月的变迁、社会形态的转变，这些目标一个个破了产。这些现象固然值得深思：当你人生经验不丰富、心理不成熟、不具备什么条件的时候，最好别过早地定立人生目标。过早的人生目标会限制自己发展的方向。等发现了早些时候的目标不适合自己时，损失会十分大。所以，没有必要过早定下宏伟的人生目标，只要清楚现阶段的目标，去做努力，则容易成功。

　　有位矮个子日本运动员，他两次夺取马拉松世界冠军。很多人不理解，记者请他谈一下经验，他也不说。他只是回答："用智慧战胜对手。"观众对他的智慧很迷惑。

　　10年后，这个谜最终被解开，他在他的自传中写道："每次比赛前，我都要乘车将比赛的线路仔细看一遍，并将沿途较醒目的标志画下来，比如第一个标志是车站；第二个标志是邮局；第三个标志是一棵大树……这样一直画到赛程的终点。比赛开始后，我就以百米的速度奋力地向第一个目标冲去，等到达第一个目标后，我又以同样的速度向第二个目标冲击。40多公里的赛程，就被我们分解成为这么几个小目标轻松地跑完了。"

　　人生何尝不是一段马拉松比赛？成功的人会像这位运动员一样，知道终点尚且遥远，就把整个过程分割成若干小目标，然后一个一个地完成，最终取得整段人生的胜利。如果一开始就将目标订得很远，那么或许就很难坚持下来，就会过早地退出竞争。

人生应该有好的追求目标，但追求目标一定要符合客观实际，符合自己的能力水平。否则，就会白费精力。一个人有发展目标固然很好，但是定立目标不能好高骛远，不能过早，否则难以把握住发展方向。

设定目标对人生发展十分重要，那么该如何设定自己的人生目标呢？

（1）目标应有激励价值，又要现实可行

目标是现实行动的指南，倘若低于自己的水平，干一些不能发挥自己能力的事情，则不具有激励价值；但倘若高不可攀，拿不出切实的计划，不能在近年见效，则会使积极性受挫。由于每个人的条件不相同，所以我们在制定目标时，一定要根据自己的实际情形来制定。

（2）目标应尽量明确具体，并限定时间

目标，或者一二年，或者三五年，有的短期目标可以短到半年或三个月。这样的中短期目标，倘若还不具体明确，那等于没有目标。只有具体、明确的目标才具有行动指导和激励价值。

（3）目标需要不断调整修改

每年至少对目标做一次检查调整，对我们的各种目标做出必要的修改调整。情况在不断变化，当时制定的目标，是在当时的环境条件下形成的，倘若环境条件发生变化，你就不能僵化固守在那个目标上了，应该积极调整修改你的目标。

（4）设立目标须全面衡量，不能草率

设定目标是我们成就事业的起点，需要配合具体的行动计划，做充分思考。目标将是我们的行为指南，倘若目标错了，我们就会走错路，做无用功。所以，不管怎样，我们不能在设定目标时马虎草率。

（5）大胆尝试，在实践中完善

制定目标是对未来的设计，必定有很多不易把握的因素。倘若我们不勇于试验、实践，我们就难以知道目标是否正确。一个目标是否合理，往往需要在实践中完善。

长远目标是人生大志，可能需要10年、20年甚至终生为之奋斗。这样的长远目标的设定是很难详细精确的。尤其是对经验不足、阅历不深的人来说，更是这样。所以，设定目标不能过早，不能看得过远，关键是把握当下，设定在现有条件下能够达到的目标，这才是成大事的关键。

【颠倒成功学】

不少人认为，人生目标设立得越早越好，这样奋斗起来才有激情。目标的力量固然能够促使一个人尽快走向成功，但是目标过早也不可取。因为在人生经验还不成熟的状况下设立的目标，大多数会夭折。所以，设定目标一定要根据自己的实际情况——经验阅历、素质特色、所处的环境条件等，使自己的目标具有可实现性。

用理想忽悠你的人，
意在让你替他的理想卖命

【当事者说】

刚大学毕业的郭军，有着远大的理想——自己当老板。在择业方面，他认为待遇多少不是问题，关键是自身能够发展，能够学习创业的经验。郭军很幸运，很快找到一家规模较大的公司。进入这家公司后，公司老板和他谈起企业目标、企业文化，并对他说，自己的理想是将公司办得越来越好。老板又对郭军说，年轻人不要在乎每个月能拿多少待遇，要想着公司的发展前途，只有公司发展壮大了，你的人生价值才能得到体现。听到老板的一番话，郭军很兴奋，终于找到自我发展的平台了。于是，郭军开始为老板的理想而努力，为了使公司得到很好的发展，他废寝忘食地在基层努力工作。渐渐地，将自己独立创业的理想抛之脑后了。三年时间过去了，和郭军同届毕业的学生，有许多人已经自己当上了老板。再回首自己的理想，郭军难免悲伤：自己工作如此努力，现在的状态还是和当初进公司一样。既没有在这家公司得到晋升，又没有实现自己的远大理想，这简直是命运在折磨人呢！

【颠倒评判】

很多人就像郭军一样，在找工作时看的并不是当时的待遇，而是以后的发展前途。这种人很有发展眼光，他们择业时不会在意是大公司，还是小公司，主要是想从工作中获得长远的发展，都希望自己所从事的工作将来能给自己带来巨大的收益。这种人好像很聪明，但是有时候却很容易被他人忽悠，成为替他人的理想卖命的人。

容易被他人忽悠的人，常常立大志，进入一家公司，他们会想到企业目标、企业文化，会想到老板赋予自己的希望，让自己实现他心目中的理想。其实，老板的理想只是老板的，而职场中，你是独立的。所以，要使头脑保持清醒，不能被轻易忽悠。

职场畅销书《潜伏在办公室》中说：

理想对每一个渴望成功的人来说都是十分需要的，但不是别人的理想，而是你自己的。电视连续剧《潜伏》里，国民党特务头子口口声声地说国家事业，保护领袖。到最终，相信他们话的人都成了先死的鬼，反倒是满嘴党国事业的站长，却老谋深算地捞足了钱，逃跑了。

自己的理想才是理想，才需要去努力奋斗。为别人的理想而努力的人，只不过是别人控制下的奴隶，你的思想被别人同化，成为别人手上的工具，你就算做再大的努力，那也不过是帮人搭梯，请人上台而已。

永远需要记住，只有自己的才是自己的。这绝不是废话，因为我们每个人都有经验，当一个演讲高手上台，情绪激昂地讲上几十分钟后，我们接受了他演讲的东西，就好像那就是我们自己的理想似的。其实不然，别人的东西永远是别人的，除非你能够抢过来，或者掌握共享的主动权，否则你就是这理想的奴隶，只要控制权在别人手中掌握着，那东西就是别人的，不管你做了多少，投入多少，以后绝不会有属于你的一份。为何每天都会有许多人被忽悠利用？这是由于他们不明白这个道理。

其实世界上没有无缘无故的爱，也没有无缘无故的忽悠。忽悠者之所以要发表他的理想，就是想将他的理想强加给你，让你为他的理想而奋斗。倘若你迷失在忽悠者的理想中，真的被他的理想俘虏，将志向丧失后，那你就成为一个别人思想的奴隶。我们当中，有许多人已经成为这样的思想的奴隶了。牢记住自己的理想，将它写下来，刻在心中，因为只有这样才是值得你付出人生代价去奋斗的。每个人都需要理想，这理想并不是空话，而是要去实施。而真正的强者，要将自己的理想强加于人，而不是被别人的理想所俘虏。所以，需要认真想一下，你们究竟是为自己的理想奋斗，还是为别人的理想奋斗。

众所周知，美国总统竞选的时候，各个候选人到处做演讲，推销自己的政治理念、执政方针，推销自己的伟大理想，让选民为自己投票。从某种意义上来说，他们是用自己的理想来忽悠民众，让他们给自己投票，为自己实现理想而投票。其实，有许多人正是通过忽悠别人来为自己的理想去卖命的，这种人在职场中屡见不鲜。

一个人要想成功，理想是需要的，但不是别人的理想，而是你自己的。那些拿理想忽悠你的人，只是想让你为他的理想卖命罢了。如果被他们的理想俘虏，你就会在别人的圈子中转，为他人做嫁衣，活不出一个真正的自我。

【颠倒成功学】

现实生活中有一些人，尤其是刚毕业的大学生，他们有着发展自我的好理想。他们找工作时，也以"发展自我"为条件，不刻意追求工薪待遇。这种做法貌似可取，可实际上很容易被他人尤其是老板的理想忽悠，从而为老板疲于奔命。这些人就好像文学巨匠老舍先生所说的："他像只可怜的陀螺，被哪个时代的鞭子一抽，都要转几转。等到转完了，只不过是一个小木头而已。"所以说，每个人都应该有理想，并为自己的理想去奋斗。切不能随着别人的理想去转，这样会迷失自己，找不到人生的方向，以至于沦为他人理想的奴隶。

用青春赌来的明天更精彩

【当事者说】

春海从小就有做大事、赚大钱的理想。他高中毕业后，曾经打过工，也做过小本买卖。虽然说赚到了一些钱，但是与他内心期望的财富目标相差甚远。他想，如果凭借自己的努力，积攒到大量的财富，要等到何年何月呢？还不如在赌场上豪赌一把，如果一夜暴富，省去了数年的奋斗，还不浪费自己的青春。于是，他便将自己的精力集中在牌桌上，想通过赌博一夜致富。刚开始赌，由于春海运气好，竟然赢了许多次。尝到了赌博的甜头，他的胆子也越来越大。有一次，他竟然在出差的旅馆中和人明目张胆地豪赌起来。不凑巧，正好碰上公安人员缉赌，当他被戴上手铐，押上警车的时候，他似乎才明白自己这样做是在犯罪。

【颠倒评判】

对于年轻人来说，应该有赌一把的胆量，这正体现了人生的一种激情。如果没有敢冒险的胆量，没有去赌一把的决心，很难在短期内获得你所期望的成功。赌一把固然可以，不过你要明白"赌亦有道"，你拿青春去赌明天，这是成功之旅；你将精力用在牌桌上，企图一夜暴富，那就是犯罪。

很多成功人士的成功经验告诉我们，要想成功就必须有一种赌的精神，也就是要努力去拼搏，用青春去赌明天。马云创业成功正是用青春赌明天的很好体现，他一共赌了三次：1999年初，马云回杭州以50万元创业，开发阿里巴巴网站。他押宝在B2B，一个在当时普遍不被看好的产业。2000年9月，马云策划了第一届"西湖论剑"，和王志东、张朝阳、丁磊、王峻涛这些"大佬"并排而坐，马云内心惴惴，因为他还不知道阿里巴巴能靠什么盈利。一个月之后，马云确定将"中国供应商"作为主打收费产品，成立直销队伍在浙江省内开展拉网式"直销"。2003年他又出人意料地介入到C2C领域，以孙正义投下的8200万美元为资本开张淘宝网，对撼美国eBay。没有人认为马云会赢，但马云居然又赢了，将eBay易趣挑落马下。2005年的马云春风得意，他以张扬的举止将雅虎中国揽入怀中。

马云的三场豪赌为自己创立了一个庞大的帝国。马云是一个典型的

"赌徒",在创业时,他时常挂在嘴头的一句话是:"失败有什么可怕,大不了从头再来。"马云是抱定愿赌服输的心态去追求成功的,他认为"做了就全力以赴,输赢固然重要,更重要的是把对的事情做好。阿里巴巴赌过,已经赢了,淘宝网、雅虎中国赌的都是未来。"

可见,成功其实就是一场豪赌,用你的青春去赌你的未来,这样成功率会很高。

2001年底,作为台湾省当时最成功的IT代工业者之一,李焜耀毅然宣布自创品牌明基。他运用紫色标识、予人快乐和生活品质的诉求、依靠设计提高产品口碑,取得很大成功。2004年底,得知西门子高层开始考虑将持续亏损的西门子手机业务剥离时,李焜耀立马通过花旗银行的朋友,主动找到西门子,打算收购西门子的手机业务。依据并购协议,西门子补偿明基2.5亿欧元现金,用在技术服务上面。另外,西门子还将以5000万欧元购入明基股份,同时,明基可以使用"BenQ-Siemens"联合品牌五年时间。这样,预计合并后,明基手机业务年营收将超过100亿美元,明基也会由此一跃成为全球第四大手机品牌。

而西门子拥有的3G核心技术,也将让明基拥有核心专利技术,同时,西门子带给明基一个全球化的组织结构,以及150年的管理制度与文化,使明基的国际化历程快速完成。

明基的这种举措引起了广泛怀疑。世界知名咨询机构麦肯锡研究证明,全球并购成功的比例只有23%,而失败的则高达61%,明基能否成为幸运的四分之一,还是个未知数。西门子庞大的人力成本,将成为明基的沉重负担;同时并购后的整合,也许将引起剧烈的动荡;而从手机代工一跃进入品牌经营,明基也失去了包括诺基亚在内的一些客户。对此,李焜耀仍旧表现出一贯的傲然。他认为自己这一场豪赌定会成功。但是没想到的是仅仅在2006年，明基公司就宣布退出西门子品牌，因为明基自从购买了西门子的手机业务之后就一直在亏损，到现在亏损已高达8亿欧元。

对于李焜耀来说，他的这场赌局遭到了巨大失败，也使自己的事业陷入很大的困境。但是从另外的角度来说，他却是一个敢于豪赌的人，敢于用青春去赌一把的人，所以后来又东山再起，出任台湾省著名实业友达光电股份有限公司的董事长。

因为成功是个未知数，所以有风险是不可避免的，而惧怕风险的人则不敢去冒险，不敢拿自己的青春去赌明天，所以当明天来临，他也就不能成功。

日本三洋电机的创始人井植岁男，成功地将企业越办越好。一日，他家的园艺师傅对他说："社长先生，我看到您的事业不断做大，而我却像树上的蝉一样，一生都在树干上坐着，没有出息。你教我一些创业方法吧？"

井植点了点头："行，我看你较适合园艺工作。这样好吧，在我工厂旁边有两万亩空地，我们一起种树苗吧。""多少钱能买到1棵树苗呢？""40元。"井植又说："好！以一亩种两棵计算，扣除走道，2万亩大约种2万千棵，树苗的成本是不是100万元。3年后，1棵能卖多少钱呢？""大约3000元。"

"100万元的树苗成本和肥料费我来支付，以后三年，你负责除草与施肥。三年后，我们就能够收入600多万元的利润。到时候我们每人一半，如何？"

听到这里，园艺师傅却拒绝道："我可不敢做那么大的生意。"

最终，他还是在井植家中做园艺工人，按月拿工资，白白地失去了致富的良机。

由此可见，要成功地赚大钱，必须敢赌一把才行。一个没有胆量、不敢去赌的人，再好的机会到来，也不敢去掌握；他固然没有失败的机会，但也会失去成功的机会。不过，需要警告你，赌只限于以正当的办法去创业，去追求财富；绝对不能沉迷在牌桌上，这无疑是消磨人的生命，也是犯罪行为。

【颠倒成功学】

有些青年人认为，这个时代要想赚大钱、成大功简直太难了。不如豪赌一把，来得痛快！于是，他们铤而走险，向牌桌要成绩。人其实有赌一把的心理未尝不可，但是不能将赌的内容只限于牌桌之上，在牌桌上赌，无疑是浪费自己的生命。但是，你用青春做赌注，去努力创业，去赚钱，这倒是一条好途径。这样做既能够圆你的财富梦，还可以享受人生奋斗的乐趣。

兴趣有时不是最好的老师

【当事者说】

某机关的李科长的理想是做一位名副其实的收藏家。他酷爱收藏古画，凡是历朝历代的名画他都购买。有个人想求李科长办事，知道了他这个兴趣，便花重金买了一幅价值不菲的唐代国画去拜谒他。李科长按捺不住自己的兴趣，便收了这幅画，当然，也为那个人办了不应该办的事。后来，东窗事发，李科长被撤职，并以受贿罪论处。李科长满脸委屈，我只是喜欢国画，别人送我画，我收留了，为什么竟然落得这样的下场呢？

【颠倒评判】

　　人们常说，兴趣是最好的老师，许多人取得的成功都是通过自己的兴趣而获得的。最有名的当然是微软的创始人比尔·盖茨。比尔·盖茨就是因为在年轻时对电脑产生了狂热的兴趣而创建了微软，成为世界上最成功的技术型人才。可以说他理想的实现一半归功于他对电脑的兴趣。所以许多人便认为兴趣能够促进自己成功实现理想，所以就努力培养兴趣，将很多时间、精力、财力与物力都用在兴趣上，以期能够取得成功。但是并非所有的人都能够通过兴趣来实现理想，有的人不仅没有因为对兴趣的极大投入而取得事业的成功，反而遭到了巨大的失败，对他们来说，兴趣不是最好的老师，而是最大的灾星，让他们玩物丧志。就像上面那位李科长因为酷爱古画，并没有使自己成为收藏家，而是涉嫌受贿，丢掉了自己的饭碗。

　　众所周知，八旗军在清兵入关前曾厉兵秣马，善于骑射，凭借骁勇善战，闯进了山海关，灭了明朝。然而，当清朝建立，四海升平的时候，八旗子弟则变得不思进取了，他们每天遛鸟、玩蝈蝈、逛戏院子、进八大胡同，生活越来越堕落。天长日久，他们将这些吃喝玩乐作为兴趣，不再有远大的理想。最终，他们为兴趣付出了惨重的代价，由于他们不求上进，致使清朝国力空虚，从而加快了清王朝灭亡的步伐。

　　由此上溯到春秋时期，卫国的卫懿公也是因为兴趣而遭殃的：

　　春秋时，卫国的第18代君主卫懿公就是被兴趣捉弄的典型代表。卫懿公十分喜欢鹤，每天与鹤相伴，如痴如迷，停止了进取，经常不理朝政、不问民情。他还让鹤乘高级豪华的车子，比国家大臣所乘的还高级，为了养鹤，每年耗费大量的财产，引起群臣的不满，百姓怨声载道。

公元前659年，北狄部落侵入国境，卫懿公命军队前去抵抗。将士们气愤地说："既然鹤享有很高的地位与待遇，现在就让它去打仗吧！"懿公没有办法，只好亲自带兵出征，与狄人战于荥泽，由于军心涣散，结果战败而死。人们将卫懿公的行为称作"玩物丧志"。

古人如此，今人亦如此，有些兴趣能够使人成功，像爱迪生对科学感兴趣，最终成为科学家；陈景润对数学感兴趣，最终成为著名的数学家。然而，兴趣也会给人带来灾难，如果你玩物丧志，不思进取，兴趣越多，灾难就越大。

盛大集团老总陈天桥成就的取得，与他的兴趣不无关系。陈天桥上学时，曾对网络游戏产生了浓厚兴趣，并沉迷其中。他沉迷于网络中，并不是不思进取，而是有自己的理想。他将网络游戏视为研究对象，并为此做出很大努力，最终成功开创了盛大的基业。但是也有一些沉迷于网络的少年，他们荒废了学业，失去了发展良机。还有一些人连续一周泡在网吧里，结果出来时已经不会走路，甚至还发生了猝死的现象。

这充分说明，兴趣既是天使，又是魔鬼。关键看你怎样看待兴趣，是将兴趣作为发展的动力，还是沉迷于兴趣玩物丧志。这决定了你人生道路的成功与失败。

【颠倒成功学】

兴趣是最好的老师，也可能是最大的灾星。这主要看你如何去对待兴趣。如果你将兴趣视为自我发展的动力，并将兴趣作为契入点，去实现自己的理想，这会加快你成功的步伐。如果你视兴趣为命根子，以至于玩物丧志，兴趣就会给你带来许多伤害。所以，正确看待兴趣吧，让它成为你成功的动力，千万别让它成为你事业的绊脚石。

可以说"事在人为"，不要说"人定胜天"

【当事者说】

刘红是一个上进心很强的人，她做什么事情都坚信一个理念：只要付出努力，就一定能够成功。2009年大学毕业后，她为实现自己赚钱的理想，走上了独立创业的道路。她向亲友筹措了一些资金，在市中心的繁华地段开了一家精品服饰店。当上了老板，刘红内心有着说不出的喜悦。她想凭借自己的辛苦努力，将生意慢慢做大，将事业逐渐开展起来。于是，刘红每天起早贪黑地忙于经营。起初，刘红的买卖做得很红火，每个月都能赚得一笔不菲的利润，这更让她增添了干劲。正当刘红风风火火地准备将自己的事业做大时，有关部门贴出了拆迁告示。刘红不得不另找一个地方开店，这个地方相比先前的地段逊色多了：客流量不多，店租还很昂贵。再加上突如其来的金融危机，使得刘红的生意越来越萧条了。刘红懊恼不已：不是说人定胜天吗？我付出如此大的努力，为什么生意越做越不行了呢？

【颠倒评判】

刘红的懊恼是传统观念"人定胜天"造成的。"人定胜天"绝大多数时候是没有根据的主观臆想。有些人通常认为，不管做什么事情，只要你付出努力，肯定就会有收获。然而，他们却没有意识到干一番事业，有许多人可为因素，也有许多人不可为因素，只能努力争取，未必事事成功。

就拿刘红来说，她的出发点很好，想通过努力成就一番事业。如果没有拆迁、金融危机的影响，刘红就会干出一番事业。然而，正当刘红的事业步步发展时，却受到不可为因素的影响，以至于使她的经营受挫。所以说，无论做什么事情，都是事在人为，那种人定胜天的观念是经不住考验的。一味地相信"人定胜天"，忽视了客观条件的存在，毫无理由地高估自己，纵然有自我激励的因素在内，但实际是在给自己酿下苦果。

商业上，我们同样不能相信"人定胜天"。看一下巨人集团的发展及坍塌历程，我们就不难看出不可为因素对事业的影响之大。

1989年，深圳大学软件科学管理系硕士史玉柱和他的三个伙伴，用借来的4000元钱承包了天津大学深圳科技工贸发展公司电脑部，巨人事业从此起步。

1993年，想要在房地产业中大展宏图的巨人集团拟建巨人科技大厦。巨人大厦本应该是史玉柱和他的巨人集团的一个丰碑式建筑，结果却成为一个拥有上亿资产的庞大企业集团衰落的开始。

1993年，西方国家向中国出口计算机禁令失效，康柏、惠普、AST、IBM等国际著名电脑公司开始围剿中国"硅谷"——北京中关村。伴随着中国电脑业走入低谷，史玉柱赖以发家的本业也受到重创。巨人集团迫切需要寻求新的支柱产业，史玉柱看上了房地产市场，他决定盖一座70层高的巨人大厦。但施工打地基时碰上断裂带，珠海两次发大水将地基全淹，而且在盖巨人大厦时正好碰上中国加强宏观调控，银根紧缩，地产降温。开发保健品又碰上了全国保健品整顿，保健品也随之降温。这些客观环境使巨人集团元气大伤。可见，巨人集团的坍塌，一方面是不确定因素造成的。

　　许多事情都不是人定胜天的，因为在事情发展的过程有许多我们无法预计、不能对抗的不确定因素。比如，你平时学习成绩优秀，然而高考时却突然生了一场大病；你求职时，有必胜的把握，但是主考官对你有偏见，以致没有找到理想的工作；你具备了充分的条件去创业，然而由于市场的不确定性，最终失败了……面对种种的不如意，你不能垂头丧气。相反，应该以积极的心态去看待人生道路的不如意，因为有些因素不是我们人为能够控制的。只有认识到这一点，你的内心才会平静。

　　人生随时都会面临着对多种困难的挑战，或许你的失败不是因为你势单力薄，也不是因为你没有把握好整个局势，而是许多不可为因素导致的。明白这个道理，你就能坦然面对人生道路上的成败得失。

【颠倒成功学】

　　成就一番事业，有许多可为因素，也有许多不可为因素。所以说，做任何事情并不一定成功。那种认为"人定胜天"的观念未免偏颇。成功了，是因为占据了一些有利条件；失败了，或许是不可为因素造成的。所以，我们承认有可为的因素，但一定要正视不可为的因素。

失败或因想象太多，或因缺乏想象

【当事者说】

　　春燕大学没毕业，就开始勾勒自己的宏伟蓝图：做科学家、航海家、政治家……每每想起人生的远大理想，她就会乐不可支。大学毕业后，春燕带着这些美好梦想走向社会。由于各种原因，她一直没有找到和理想对口的工作。时日长久，春燕有些找不着北了。按照自己的理想去走，还有许多条件是欠缺的。如果再选择其他的领域，自己的梦想就会成为空谈。春燕很愁怅，不知道该何去何从。

【颠倒评判】

很多人在做人生规划时，都会犯春燕这种失误。他们想象丰富，理想也很远大，但是在规划理想时，他们往往会忽略一个很重要的因素，那就是切合实际，从实际的出发去做合理的想象计划。

人们通常认为，有各种各样远大的理想固然是好事，有远大的理想才会有远大的抱负。其实，现实生活中，有远大的理想并不一定能够实现远大的抱负。倘若你的理想不切合实际，那么理想再多，也只能是空想。还不如从实际想象，合理地规划自己的人生。

有一位美国女孩叫西尔维亚，她父亲是著名的整形医生，母亲在一家声望很高的大学任教授。她从在中学读书时就一直梦想着做一位电视节目的主持人。或许你会发问，西尔维亚为什么会选择做一位节目主持人呢？这个问题连她自己都不能回答。她并没有这方面的特长，也没有这方面的关系，充其量是兴趣使然。她自己常想："只要有人愿意给我一次上电视的机会，我就一定能够取得成功。"她甚至做梦都会梦到，自己成为了一位出色的节目主持人，博得观众们的阵阵掌声。然而，她的理想并没有从实际出发，她本身性格内向，语言交流有障碍，根本不具备做节目主持人的资质。再加上，她并没有为达到这个理想去做努力，她在等待奇迹出现，希望马上就当上电视节目的主持人。西尔维亚不切实际地期待着，结果什么奇迹也没出现。因为谁也不会请一个没有经验的人去做电视节目主持人，而且本来电视节目的主管就没有兴趣到外面去搜寻人才，因为从来都是别人去找他们。

西尔维亚的失败，是因为她在一个不切实际的理想中下功夫，却没有用心去思考自己的特长是什么，自己究竟能够干什么？明确了自己的实际理想，做起事来才会顺风顺水。

另一位女孩辛迪却实现了西尔维亚没实现的理想，成为著名的电视节目主持人。辛迪能成功，是因为她知道理想如果不切合实际只能是空想，只有有了切合实际的理想，再付之努力的行动，理想才容易实现。辛迪与西尔维亚不同，她有着做主持人的天赋。她白天做工，夜晚到大学的舞台艺术系上夜校。毕业后，她去求职，跑遍了洛杉矶每一个广播电台和电视台。每个地方的经理对她的回答都差不多："不是已经有几年经验的人，我们是不会雇用的。"但是她没有退缩，也没有等待机会，而是走出去寻觅机会。她一连数月认真阅读广播电视方面的杂志，终于看到一则招聘广告：某州有一家很小的电视台招聘一名预报天气的女孩子。辛迪是加州人，不喜欢北方。但是，在理想面前，有没有阳光，是不是下雨都没有关系，她希望得到的是一份和电视有关的职业，干什么都行！她抓住这个工作机会，顺利通过面试，马上动身到了北达科他州。辛迪在那里工作了两年，最后在洛杉矶的电视台找到了一份工作。又过了五年，她得到提升，成为她梦想已久的节目主持人。

为什么西尔维亚失败了，而辛迪却成功了呢？因为西尔维亚一直停留在幻想中，一直在等待机会；而辛迪则是切合实际，主动构想宏伟蓝图，努力去寻找机会，为理想做出努力与牺牲，最终实现了梦想。

所以，在规划你的人生理想时，一方面要切合实际，另一方面要合理地进行规划，将实现理想的步骤合理想象，这样才有可能实现自己的理想。否则，不切实际的想象只能是空想或幻想，这样的想象哪怕再多，也终究无益。

当我们确定梦想和目标以后，我们就要想象着怎样前进，怎样去向着自己的梦想慢慢地进步。无论什么困难都需要克服，我们必须达到我们的目标。不切合实际，没有强大的行动力，梦想只是空想；只有付出行动，才可以美梦成真。

世界上有许多资质平凡的人能成功，也有许多聪明的人失败，那是由于那些看来不聪明的人，他们能够从实际出发，规划自己的人生理想，一旦树立了理想，他们在任何情况下都能努力进取，不受任何诱惑；有些聪明人却三心二意，往往什么都想做，但是不仅没有明确的目标，而且即便有了目标，也没有集中精力去实现，没有用实际行动去完成自己的目标，所以就不会取得事业的成功。

在人的一生中，总有着种种的憧憬、种种的理想、种种的计划。然而，这些憧憬、理想、计划，我们不一定都能实现。所以，我们就要选择那些最切合实际，最能轻松实现的。切不能舍近求远，去追寻那些遥不可及的理想与追求，这样会走许多弯路，以至于贻误你的一生。

【颠倒成功学】

每当提及理想，许多人就会滔滔不绝地提出一大堆。但是，仔细看来，有许多理想虽然不错，但是与他们的实际并不相符，这样的理想再多也只能是空想。所以，在规划你的人生理想时，一定要本着从实际出发的角度，选择一些自己能够实现的理想，并在理想的基础上，合理制定规划步骤，这才是实现理想的好办法。

不在其位，亦谋其政

【当事者说】

芳芳在一家私企工作五六年了，她兢兢业业，一直做录入工作，从来不关心和本职没有关系的事情。她认为中规中矩地工作，才能够使自己得到很好的发展。后来，比芳芳晚进公司两个月，和芳芳干一样工作的莉莉升为主管。因为莉莉能够关心很多事，能将许多事情办好，包括不在她本职内的事情。芳芳很苦恼，为何规规矩矩地做好本职工作却没有很大进展，一个不安分守己、野心十足的人却晋升了？

【颠倒评判】

孔子说："不在其位，不谋其政。"意思是，一个人应该做自己该做的事情，不能思考自己不该思考的事情。这句话貌似合理，实际在当今时代是不应该提倡的。在这个竞争日趋激烈的时代里，做出一番成就的人，往往是那些"不在其位，亦谋其政"的人，野心促使着他们一步步走向成功。故事中的芳芳，在竞争日趋激烈的职场中，中规中矩，不敢有"非分之想"，最终只能默默无闻。

至今，"不在其位，不谋其政"已经成为漠不关心、逃避责任的遁词，是一种消极、封闭的人生态度，不利于个人的成长。

从古至今，不乏一些"不在其位，亦谋其政"的人，他们都为社会做出了不朽的贡献：

虎门禁烟后的林则徐，被发配新疆后不计较个人得失，率领大家兴修水利，开垦荒地，其功绩后世流芳；写出《茅屋为秋风所破歌》的"诗圣"杜甫，家破尚如此，忠心始不渝，时刻惦念着百姓的冷暖；一生忧郁不得志的著名爱国诗人陆游，临死前还想"王师北定中原日，家祭无忘告乃翁"……这些仁人志士都是"不在其位，亦谋其政"，受到后人的景仰。

秉承先人的精神，我们从昨天走到今天这个快速发展的时代，更要积极倡导"不在其位，亦谋其政"的处世原则。这是积极、合作的意识，是主人翁意识和对工作认真、对自己负责的表现。

在职场中行走，永远都不能各扫门前雪。一个人在做好本职工作的前提下，倘若能够涉及其他领域的工作，并且做出一些成绩来，不仅能让老板看到你工作的积极性，更主要的是能让你对自己的能力更清楚，从而找到更适合自己发展的职位。

《杜拉拉升职记》中的杜拉拉没有背景，没有心计，甚至十分单纯，但是进入外企 DB 公司后，却从一位月薪 3000 元的普通秘书一路晋升为月薪过万的 HR 总监。回顾杜拉拉一路的成长历程，她成功有一条很重要的原因，那就是不在其位，亦谋其政。

刚入职 DB 公司没多久，杜拉拉在整理日常文件时，注意将媒体上关于 DB 公司的内容剪下，贴在一个本子上，于是产生了一本图文并茂的"DB 公司介绍册"。DB 公司总裁无意看到了这个本子，认为它十分有创意，并对杜拉拉产生了好印象。这为以后杜拉拉被委以重任起到了铺垫作用。

在杜拉拉的工作职责中，并没有收集公司媒体资料这项内容，如果杜拉拉做事完全以完成领导的任务为目的，就不会留意做这样的工作。但拉拉本着对公司负责、对自己的职业生涯负责的思维方式，做了一般员工不会想到更不会主动去做的事情。

为了迎接总部视察，DB 公司要重新装修，但 HR 主管要求缩减预算。

面对这个吃力不讨好的"烫手山芋",公司里的人都以多种理由逃避。关键时刻,新人杜拉拉自荐,主动将这项任务承担起来。而在执行过程中,公司销售部仗势欺人,不好好合作。这时候,杜拉拉不畏权势,与销售总监王伟据理力争,最终换来了销售部门的配合,并顺利将任务完成。杜拉拉不在其位,亦谋其政,取得了很好的成绩。

在生活中不乏有"不在其位,亦谋其政"的人,有人说这样的人喜欢管闲事,没事吃饱了撑得,爱表现,爱出风头等。其实,这些人之所以这么"爱管闲事、爱出风头",是一种真正负责任的态度,不但是对社会、对企业负责,更是对自身负责。

"不在其位,亦谋其政"就是一种将自己当做真正主人的"主人翁"心态,企业的发展需要这种"主人翁",需要"不在其位,亦谋其政"的人为企业发展护航,在此基础上互相促进,企业定会有更加辉煌的明天。

传统观念认为,"不在其位,不谋其政"是一种合理的做法。现代人如果仍然沿用"不在其位,不谋其政"这种思想是不正确的,这种思想蛊惑着人们的思维,制约着人们的发展空间。当今社会,我们更应该推崇的,是"不在其位,亦谋其政",否则,当机会出现时你就不能很好地把握。

【颠倒成功学】

人,仅有聪明的脑袋是不行的;人,死板地循规蹈矩也是不行的。如果想拥有更多,如果想让自己更加快乐,就应该有更大的"野心","不在其位,亦谋其政"。这样做能够使你在多个领域很好地发展,能够在许多方面取得更大的成功。否则,"不在其位,不谋其政",你只能把自己封闭在一个狭窄的天地里。

第四章 颠倒看心态——
失败不是你的错,执迷不悟就是你不对

一句"要出名趁早",让无数青少年竞折腰。很多人耐不住寂寞,心潮澎湃,还没练好基本功就急着扎进社会大潮中游泳,最后不但没能成为游泳冠军,险些赔掉小命。究其原因,是为这句话所毒害。只有天才才能早出名,其他的人只能靠勤学苦练。而且,更残酷的现实是,你勤学苦练未必能够得到想要的结果。所以,在仰头张望未来之路的时候,一定要看清楚脚下的路是否走得正确。很多时候,在错误的方向上停下来,就是进步。

出名要趁早，但成就别越来越小

【当事者说】

　　小蒋有写作天赋，很小的时候便显露出这种才华。读初中时，他就在省级报刊上发表文章，很多文学爱好者都熟悉他，都钦佩他的才华。古话讲得好："满招损，谦受益。"取得一点小成绩的小蒋，不再做任何努力，而是以成功者自居，变得趾高气扬。他不去读书，也不搞文学创作了。时隔几年，小蒋不由得提笔忘字，竟连一篇像样的文章都写不出来了。小蒋很苦恼：写作一向是我的天赋，为什么成名后，竟然写不出好文章来了？

【颠倒评判】

　　小蒋虽然出名很早，但是出名后，他却不再积极进取，而是沉醉在成功的喜悦中不能自拔。由于放弃了努力，最终导致江郎才尽。

　　著名作家张爱玲有一句名言：出名要趁早。这句话被许多人奉为经典，以至于现在的年轻人都追求在年轻时候功成名就。出名早固然重要，可以使你获得更多的关注与更多的有利条件，但早早出名后你会怎么做呢？

　　上学的时候，读过《伤仲永》的故事。方仲永是金溪平民，他出生五年，不曾认识笔、墨、纸、砚，突然放声哭着要这些东西。父亲对此感到惊异，从邻近人家借来给他。方仲永立刻写了四句诗，并且题上自己的名字。这首诗传送给全乡的读书人观赏。从此，指定物品让他作诗，他便能马上完成，诗的文采和道理都很深刻。同县的人对此很惊奇，渐渐以宾客之礼对待方仲永的父亲，有的人还花钱求仲永题诗。他的父亲认为这样有利可图，每天拉着方仲永到处拜访同县的人，不让他学习。这样一来，过了几年，方仲永的才能全然消失，泯然众人矣。

从方仲永的故事中我们可以看到，早早出名固然重要，但是出名后仍然需要努力进取，不能自我满足，否则只能发展成为默默无闻之辈。

有一次，记者采访某女星，问她小时候的梦想是什么。她说："我希望像山口百惠一样，早早出名，又早早淡出，只和一个人吻过。"山口百惠是20世纪80年代红遍中国的日本女明星，很年轻的时候达到了事业的巅峰，并且嫁给了搭档三浦友和，然后回家成为全职太太，放弃了如日中天的地位。其实，婚后的山口百惠过得并不好，三浦友和虽然是英俊小生，可是红了一阵子后就没有市场了，夫妇俩生活得非常艰难。山口百惠并没有像现在的很多女星似的"复出"，而是选择嫁夫随夫，心甘情愿地过清贫的日子。

我想，如果知道了山口百惠日后的窘境，那位女星就不再羡慕她了。能够早早成名固然好，可是昙花一现的荣耀，又怎能为后半生提供取之不尽、用之不竭的财富呢？

与山口百惠成名后的满足现状相比，早早成名后的杨澜却没有停止进取的步伐，她最终取得了更辉煌的成就。

1990年，杨澜刚从北京外国语大学毕业，就很幸运地从上千名候选人中脱颖而出，成为央视《正大综艺》节目的主持人。此后，随着这一节目在全国范围的播出以及屡创收视新高，原本对于电视主持领域没有丝毫经验的杨澜逐渐确立了自己的主持风格，并得到了广大观众的认可，一跃成为全中国家喻户晓的著名节目主持人。

然而，就在杨澜在事业中小有名气时，她忽然告别了《正大综艺》。毅然远赴美国，再次深造。她的这一选择令当时许多人迷惑不解。但是杨澜说:"当初离开《正大综艺》是由于我发现自己并不适合做一个综艺节目的主持人,我既不会唱歌也不会演小品,可以说是没有艺术细胞,所以我觉得自己在这方面不擅长。于是我就想自己擅长的是什么,我觉得我还是喜欢读书,而且学习能力较强,所以决定出国学习。"

1996年,杨澜与上海东方电视台联合制作的《杨澜视线》节目,在全国省市电视台播出后获得好评。这个时候的杨澜已经不是那个只在镜头前侃侃而谈的主持人了,她亲自参与节目制作,成为一位真正的电视制作人。她认为,一个人如果不充实自己,前程将会很短暂,所以她宁可去自讨苦吃,做编导、当制片,尝试许多的东西。

1997年7月,杨澜加盟凤凰卫视中文台后,于1998年1月推出了以她名字命名的访谈节目《杨澜工作室》,随后又推出《百年吒咤风云录》,在业内获得赞誉的同时也受到观众的好评,杨澜的名气越来越大了。

1999年10月,为了寻求更大的发展,杨澜离开了凤凰卫视中文台。2000年,杨澜入主阳光文化网络电视有限公司,并出任该公司主席。同年8月,阳光卫视开播。她希望能够借鉴国外文化主题类卫星频道的成功经验,把阳光卫视推向世界,让海外人士能通过这一传播渠道了解到中国文化的独特魅力。杨澜说她并不想当什么老板,但她真正喜欢在文化传播方面很好地发挥自己的特长,要做到这点就需要借助一家公司,而这就是她当年主理阳光文化的出发点。

2003年6月,杨澜退出卫星电视的经营。她说阳光卫视的运作失败是她在事业道路上迄今为止遇到的最大挫折。因为在这之前她一直以为人只要足够努力就会获得成功。可是经历过这件事情后她发现,倘若一开始你的定位就是错误的话,那注定会失败。有了这次的教训,杨澜特意到上海进修了10个月的CEO课程,由此她意识到自己或许不是经商的材料。于是，她又重新回到电视领域。

经历了这次失败，杨澜才真正意识到一个人的优势很有限，不可能将所有的事情都做好，所以要选择做自己喜欢的，而且是有优势的。

2005年，杨澜与湖南卫视合作，推出一档名为《天下女人》的女性谈话类节目。缘何要做这个节目，杨澜说是由于她发现在社会转型期的今天，女性所经历的内心碰撞要比男性激烈得多，而她们所表现出来的精神特质也更有意思。

从单纯的电视节目主持人，到资深的电视制作人，再到运筹帷幄的文化商人，杨澜经历了事业上不同角色的转换。她说电视是她一生的追求，之所以这些年一直在各种角色之间不断地转换，就是想看看自己在这一领域究竟能够飞多高。

可以说，杨澜能够取得今天的成就，与她成名后没有放弃努力是分不开的。毕业后的杨澜便进入《正大综艺》，以她独特的主持风格赢得了观众的赞赏，并小有名气。但是成名后的杨澜并没有陶醉在名气中，而是不断地寻觅提升自己的机会与空间。试想，如果成名后的杨澜仅停留在做主持人方面，到现在她可能还是一个主持人，就不会有那么多的成就和辉煌。但是，杨澜知道，如果不思进取，过早的成名则如同昙花一现。只有成名后，不懈地努力，才不会使自己落后，才能让自己迈上更高的台阶。

大凡有志气的人，都渴望早日成功。成功后，能使许多人向你投来艳羡的目光，让你戴上成功的光环。可是，早些成名固然重要，但是成名后你怎么做往往决定着你以后的人生是成功还是失败。有的人成名后，便放弃了努力，坐享其成，最终变得默默无闻；有的人成名后，依然不放弃努力进取，不断取得辉煌成绩。

【颠倒成功学】

　　张爱玲的一句"出名要趁早",曾激励了无数有志青年梦想早日成名。有些人一味地追求成名,却不知道早早成名后,自己该何去何从?有些人成名后,便放弃了追求与努力,开始沉醉在名气与地位中,从而使名气昙花一现。所以说,早日成名很重要,但是成名后的努力更重要。

1%的灵感比99%的汗水更重要

【当事者说】

　　张老汉做了半辈子木工活,是一个技术娴熟的手艺人。前年,张老汉和几位老乡到城里打工,他们一起到一家古典家具厂干活。这个家具厂要求他们独立设计、独立制作家具,记件结算工资。设计、制作古典家具,这需要很好的灵感。而这种灵感,正是张老汉平时欠缺的。在农村干惯了那种砍柁、砍檩的粗活,细致的活儿他干起来会觉得很吃力。在工作中,张老汉显然比他的几位老乡都努力,他勤勤恳恳地工作,甚至还会起早贪黑。虽然张老汉付出的努力很多,但是每个月的工资并没有他的几位老乡高。原因是,别人灵感充分,一个月能设计、制作十多套家具。而张老汉费很大的力气,不过制作三五套家具。过了几个月,由于张老汉拿不到合适的工资,只好辞职不干了。他心中难免愤愤不平:为何我比别人用的功多,反而赚的钱没有人家多呢?

【颠倒评判】

　　从张老汉的控诉中，我们可以看出灵感的重要性。所谓灵感，实际上就是指个人的智商，个人在某一方面异于常人的天赋才能。但是事实上，我们的固有观念中总是：只要你努力就能够取得成功，因为曾经有人成功过。只要你付出，就一定能够取得进步，而你没有取得成功是因为你努力不够，不是你没有天赋。我们都听到过爱迪生的那句名言："天才就是1%的灵感加上99%的汗水。"从这句话来看，爱迪生似乎是说，成功最重要的取决于你的个人努力，而不是天赋才能。如果这样理解就错了，因为它只是这句名言的前半句，而最重要的是后半句："但那1%的灵感是最重要的，甚至比那99%的汗水都要重要。"

　　可见，爱迪生并非否定努力的重要性，但是他强调的是人身上那个灵感特质才是最重要的，如果你不具备这种灵感，那么你在一个可能根本不属于自己的领域，哪怕再勤奋，也不能获得较高的荣誉。所以，每个人都要发挥自己的潜能，需要扬长避短地去努力，只有这样才会在事业上取得成功。

　　某地有个捡破烂的王先生，他每天靠拣几个易拉罐、塑料瓶卖钱换取一点生活费。他十分努力地投入工作，却仅能维持生活。直到有一天，他突发奇想，收一个易拉罐才能赚到几分钱，倘若将它熔化了，作为金属材料去卖，是否能够多卖一些钱？于是，他将一个空易拉罐剪碎，装进自行车的铃盖里熔化成为一块指甲大小的银灰色金属，然后他拿到有色金属研究所花了600块钱做化验。化验的结果显示，这是一种很贵重的铝镁合金。当时市场上的价格为每吨14000—18000元，每个空易拉罐重18.5克，5.4万个就可熔化一吨。这样计算，将易拉罐熔化后再卖比直接卖要多赚六七倍的钱。于是，他决定回收易拉罐熔炼。

王先生不再到处拣拾易拉罐，而是做起了易拉罐的收购工作。为了尽可能多地收到易拉罐，他将回收价从每个几分抬高到每个一角四，然后又将回收价及指定收购地点印在卡片上，向所有收破烂的同行散发。一周后，他就回收了13万个多，熔化掉后，足足有两吨半的铝镁合金。于是他马上开办了一家金属加工厂，一年之内，加工厂用空易拉罐熔炼出了240多吨合金，结果在3年内，就赚到了270万元。而他的捡破烂的同行，还在到处捡破烂，到处收购易拉罐卖给他。他却从一个"拾荒者"一跃成为百万富翁。

灵感推动更多的成功，灵感虽是成功的源泉，但并不是超能力，它是通过生活经历积累而来的。只有经历了才会懂得，才会有所思，想象力也才能丰富。因此，我们不论是在生活中，还是在工作中，都要使自己过得充实些，培养自己更多的爱好，并要善于总结。时日长久，你的阅历、思维与想象力就能够拓宽，这样就会取得更多成功。因此，灵感对于成功是一种推动力。

方便面的发明，便是出于日本人安藤百福的灵感一闪。二战结束后，日本国内食品供应不足。有一天，安藤百福路过一家拉面馆，看到人们顶着寒风排起长队，希望买到一碗拉面。安藤百福不由得想到，倘若生产一种在家用水一泡就能够吃的拉面，人们就不用这么辛苦了。有了这种想法后，安藤百福在1958年春天开始了方便面的研制工作，虽然做了许多次试验，但始终不能同时解决方便面的制作与保存问题。

一年以后，有一天安藤百福在家吃饭，品尝着夫人做的油炸菜肴，突然冒出一个念头：采取油炸方式制作方便面可以吗？他很快地做试验，将面条浸在汤汁中使之入味，然后通过油炸使方便面脱水。试验成功了，这种制作方式不但能够使方便面保持原有的味道，还能够长期保存。没过多久，安藤百福申请到了方便面制作方法专利。这种一泡即食、便于保存的方便面在日本市场推出后，受到了消费者的欢迎。

或许有些人认为，灵感只是幸运女神的恩惠，是可遇而不可求的。但是在生活中，那些像安藤百福一样思维活跃的人好像更受幸运女神的青睐。对他们来说，灵感可能存在于生活的每一个角落。从中我们能够知道，捕捉灵感实际上是一种能力，只有勤于动脑筋的人才能获得这种能力，并用它打开成功之门。

成功是来源于灵感的，财富也只往有灵感的人的口袋里钻。正所谓：脑袋空空，口袋空空；脑袋转转，口袋满满。成功与失败、富有与贫穷只是大脑中的一念之差。很多人很困惑，自己很努力地工作，然而就是不能取得成功，事实也确实如此。这些人不能取得成功的主要原因是他们没有灵感，没有看到成功的机会，因为这1%的灵感能够起到决定作用。

【颠倒成功学】

天才=99%的汗水+1%的灵感。有些人认为，要想成功，努力是最重要的。然而，在现实生活中，1%的灵感是至关重要的。如果一个人没有灵感，无论你怎样努力，都将是枉费劳力。所以，在日常生活中学会培养自己的灵感很重要。有了灵感，再付诸一定的努力，才能获得成功。

失败乃成功的后妈

【当事者说】

小方从小就听师长说，"失败乃成功之母"。于是，他做任何事情都不怕失败。考试不及格,他并没有反省自己失败的原因,而是以"失败是成功之母"来自慰,在学习上还是不汲取教训,结果每次考试总是考砸。小方认为"经历的失败越多,成功的机会越多"。因为他不认真汲取失败的教训,所以每次做事,他失败的频率要比成功高。小方感到很苦恼,不是说失败是成功之母嘛!为何多次的失败并没有给我带来成功呢?难道真理在这个时代经不住考验了吗?

【颠倒评判】

我们小时候接受过这样的教育:"失败乃成功之母。"而从来没有人对我们说,失败在许多时候并不是什么成功之母。说起"失败是成功之母",很多人都会想到伟大的发明家爱迪生。爱迪生伟大的一生曾经历过许多次失败,正是由于这多次的失败,为爱迪生今后攀上科学高峰埋下了伏笔,从而令爱迪生走上了人生最辉煌的顶峰。有些人简单地认为,失败的次数越多,成功的机会就越大。其实不然,如果不符合客观规律去办事,失败的后面就仍然是失败。倘若事情本身已经违反了客观规律,事情就会注定要失败。不管为做错的事付出多少努力,都会进入死胡同。

有这样一则故事:

在墙壁上,有一只虫子在艰难地爬行,爬到一大半,突然跌落下来。这是它又一次失败的记录。然而,过了一会儿,它又沿着墙根,一步步向上爬了。它沿着同样的方向往上爬行,可任凭它怎么爬,都会跌落下来。

可以这样说,这样盲目地爬行,何时才能爬到墙头呢?其实,只要略微改变一下方向,它就能很快爬上去。可是这只虫子就是不愿反省,不肯换一种角度想问题,结果屡屡失败。

伟大的科学家牛顿,生前经历过多次失败,但最终还是成功地发现了

"万有引力"的奥秘。那是由于"万有引力"符合客观事实。但是后来，牛顿却致力于证明上帝的存在，结果"屡试屡败"。这是因为他违反了客观规律，不相信人类衍化的客观规律，而迷信于"上帝造人说"这个错误学说。

倘若失败后，不寻找失败的原因，一味地相信"失败是成功之母"，那就永远不会有成功的一刻，只会白白浪费光阴。成功不是必然的，要想成功就需要经历失败，但我们不能总是以"失败是成功之母"来安慰自己。只有在失败后，汲取教训，寻找失败的原因，才能真正做到"失败是成功之母"。

人生如同下棋，错一步则满盘皆输；有时人生还不如下棋，因为棋下错了，还能够重新再来，而人生却不能回头重来。无数次的失败并没有像人们所期望的一样，能够让他们品尝到成功的喜悦。相反，有的是一错再错，一败再败。这种失败并不是成功之母，倒是他们的"后妈"，令人如临深渊。倘若失败的次数多了，不仅不能激发斗志，相反还能挫伤积极性。

失败就像一块石头，你将它垫在脚底下就会使自己站得更高，看得更远；你将它搬起来压在心头，或者将自己砸伤，那就会是一种灾难。

成功并不是一帆风顺的，挫折与失败在所难免，但不能总用"失败是成功之母"来安慰自己，在失败的过程中我们要汲取教训，积极对待失败。只有这样，才能够真正做到"失败是成功之母"。

美国有一位贫困的年轻人，即使身上全部的钱加起来都不够买一件像样的衣服时，仍然坚持自己心中的梦想，他想做演员，当明星。

当时，好莱坞共有500多家电影公司，他逐一数过，并且不止一遍地数过。后来，他又根据自己认真划定的路线与排列好的名单次序，带着自

— 98 —

己写好的剧本前去拜访。但第一遍下来，这500多家电影公司没有一家想聘用他。

面对百分之百的拒绝，这位年轻人并没有气馁，从最后一家被拒绝的电影公司出来后，他又从第一家开始，继续开始他的第二轮拜访和自荐。

在第二轮的拜访中，500家电影公司仍旧拒绝了他。

第三轮的拜访结果仍然与第二轮相同，这位年轻人咬牙开始他的第四轮拜访，当拜访完第349家后，第350家电影公司的老板答应让他留下剧本看一下。

几天后，年轻人得到了通知，请他前去详细面谈。

就在这次商谈过程中，这家公司决定投资开拍这部电影，并请这位年轻人任自己所写剧本中的男主角。这部电影名叫《洛奇》。这位年轻人的名字就叫史泰龙。现在打开电影史，这部叫《洛奇》的电影与这个红遍全世界的巨星都是榜上有名。

真正聪明的人不仅会从别人的成功中汲取经验，还会从自己的失败中汲取教训；而一般的人，就只能在自己经历了磨难后，才会有深刻的教训。面对失败，不汲取教训，违反客观规律办事，只能是一错再错，一败再败。只有从失败中汲取教训，才能迎接成功的到来。

【颠倒成功学】

许多人都会有这样的认识：失败是成功之母。意为，失败原是人生本色，只有不断地经历失败，才能步步走向成功。实际情况并非如此，只有从失败中汲取教训，并悉心改正，失败才能成为成功之母。不从失败中总结教训，必然会导致新的失败。这样一来，任凭失败恶性循环，想成功是不太可能的。

坚持未必到底，一样取得胜利

【当事者说】

　　志军毕业后，走上了独立创业的道路。他选择了一个僻静的地段，开了一家小吃店。由于店前人流量不多，导致店内冷冷清清。开张三个月，志军的生意并不理想，只能勉强维持生计。面对生意的不景气，朋友劝志军再换一个地段去经营，市场前景会好一些。然而，志军却认为只有坚持下去就一定能够成功。于是，他仍在原地经营。半年过后，他的经营不但没有起色，反而越来越差了，甚至连维生都困难了。

【颠倒评判】

　　现实中，我们往往会看到有许多人都是因为坚持到底而获得了成功，尤其是一些大器晚成的人，更是坚持了许多年才获得成功的。但是有些时候，坚持不一定就能成功，尤其是当你所坚持的道路或者理想是错误的时候，成功就难以取得，只能走向失败。做事情能够一直坚持下去是正确的，没有一定的坚持是不会取得成就的，但是同时也要看看自己是否坚持了正确的道路。只要功夫深，铁杵磨成针。但是如果是一根木棒，即便再坚持，即便再努力地磨，也永远不可能磨成针。

　　如果你的选择是错误的，那么就要及时改弦更张，以求快速走向正确的成功之路。在西方古代寓言中，有个著名的"高尔丁结"故事。只要谁能解开奇异的"高尔丁结"，谁就注定成为亚洲王。很多人都试着去解这个结，但是所有试图解开这个复杂怪结的人都失败了，因为他们都找不到线头，根本难以下手。后来亚历山大大帝听说之后，他决定也来试一试，他想尽了所有的办法要找到这个结的线头，结果还是一筹莫展。到最后他拔出剑来，一剑将结劈为两半，于是便解开了这个结，亚历山大便成为亚洲王。

许多人都坚持寻找线头，从而将这个死结解开，亚历山大开始时也是这样，但是后来他不再坚持，不去寻找线头了，而是换了另外一种方法，直接用剑将线斩断，成功将这个死结解开，成为亚洲王。有句话说得好："人生最大的失误也许就是错误地坚持了不该坚持的。"从小到大，我们都被这样一种价值观左右着，那就是"坚持就是胜利"。在我们的记忆里，似乎成功和坚持始终是不能分开的，不管任何时候，不管如何困难，都应该坚持到底不放弃。坚持没有错，坚持会成功也没有错，但是这有个前提，那就是我们所坚持的是值得坚持的，是正确的。事实上，并不是所有事情都值得坚持，有时候，放下才是正确的选择。

有一位美国青年无意间发现了一份能将清水变为汽油的广告。这位美国青年喜欢做研究，满脑子里都是古怪的想法，他希望有一天成为举世瞩目的发明家，全世界的人都享用他的发明创造。因此，当他看到水变汽油的广告时，立刻买来了资料，将自己关进屋子里，不接待串门的客人，将电话线掐断，切断了所有的外界联系，专心研究水变汽油的技术。青年日复一日地研究，达到了忘我的程度。怕母亲进来打扰他，每次吃饭时他都让母亲从门缝里将饭塞进来，而且他经常是两顿饭合成一顿吃。善良的母亲看见自己的儿子日益消瘦，终于忍不住了，趁儿子上厕所的时候，溜进他的卧室，看了他的研究资料。母亲还以为儿子的研究有多么伟大，原来是研究水如何变成汽油，这简直是不可思议的事情。

母亲不愿意眼睁睁看着儿子陷入荒唐的泥沼难以自拔，于是劝解儿子说："你要做的事情不符合自然规律，不要再瞎忙了。"可这位青年根本不听，他将头一昂，回答道："只要坚持下去，我相信一定能够成功的。"五年过去了，十年过去了，二十年过去了……不知不觉地，那位青年已经两鬓斑白，父母死了，没有工作，他只得靠政府的救济度日，可是他的内心却很充实，屡败屡战。有一天，多年不见的好友来看望他，无意间看到了他的研究计划，惊讶地说："原来是你！几十年前，我因为无聊贴了一份水变汽油的虚假广告。后来有一个人向我邮购所谓的资料，原来那个人就是你。"这个人听完这番话，马上疯了，原来自己一直在坚持错误的理想，所以就一直没取得成功，最后他住进精神病院。

清水变成汽油，本就是不可能的事，别说坚持十年、二十年，就是一辈子都坚持研究它，也不可能成功，花费那么多时间去做那么多毫无意义的事，这个青年真是可悲啊！

或许这个故事有些夸张，但是现实生活中多有这种人。当你知道自己的坚持是错误的时候，就勇敢地放弃吧，承认错误和停止错误难道比继续错下去还要难吗？当你没有认识到自己的错误坚持，而别人向你指出时，也要停下来好好想一想，自己的坚持究竟值与不值。在走向成功的道路上，也许不能太坚持，要适当地考虑一下自己选择的道路是否正确，只有走在正确的道路上才能够成功，也只有正确的道路才是应该坚持下去的。

【颠倒成功学】

坚持就是胜利，这好像已经成为永恒不变的真理，深深扎根在一些人的心里。坚持固然能够取得成功，但是有些坚持是不可取的，比如错误的坚持、盲目的坚持、固执的坚持等，这些坚持只能使你离成功的道路越来越远。所以，在坚持之前一定要仔细思考一下事情的可行性，这样做就不会落下费力不讨好的结果了。

绝人之路是存在的

【当事者说】

小康在大学时代就开始勾勒自己的宏伟蓝图。毕业后，他想当一名优秀的长跑运动员。为了实现这个理想，他日复一日地艰苦锻炼。谁料想，天有不测风云。大学毕业后，有一次小康外出旅游，不慎被一辆卡车撞断了双腿，并被截了肢，这样一来，小康的长跑运动员梦想便难以实现了。眼看着梦寐以求的理想就要和自己擦肩而过，小康慨叹命运故意和自己作对，自己的美好理想不能实现，小康悔恨不已。

【颠倒评判】

先前，人们经常说"天无绝人之路"，从现实生活来看，不过是一句安慰人的话而已。小康的遭遇正好说明了这一点。如果不是飞来的车祸夺去了他的双腿，他的运动员之梦或许就会实现。但是，车祸使他的美好理想破灭。所以，你必须承认，天是有绝人之路的，有时候客观事实就会将人逼入绝境。

1896年，李鸿章访问英国结束后坐英国豪华轮船去美国继续访问。李鸿章感叹英国的轮船真是豪华。有人对他说下次如果他还来英国将会坐更加豪华的轮船。那艘船就是正在建造的泰坦尼克号。1912年，世界上最豪华的巨轮泰坦尼克号建成之后进行了它的第一次航行。

泰坦尼克号最令英国人津津乐道的是它的安全性。两层船底，由带自动水密门的15道水密隔墙分为16个水密隔舱，跨越全船。16个水密（不进水的）隔舱防止它沉没。《造船专家》杂志认为其"根本不可能沉没"。一个船员在航行中对一个二等舱女乘客西尔维亚·考德威尔说："就是上帝亲自来，他也弄不沉这艘船。"结果就是在众人以为它不会沉的时候，它却撞上了冰山沉没了，造成了1500余人遇难。

许多时候，很多事情总是出人意料，在你认为坚固无比时却容易遭遇意外——上帝都弄不沉的巨轮竟然撞上了冰山。对于个人来说，许多时候你认为自己的成功之路很坚固，只要顺着走下去就一定能成功，但是事实并非如此。在你事业发展过程中，不确定的因素十分多。所以，平时要有危机意识，早些做准备，不要让类似"天无绝人之路"、"车到山前必有路"这样的话麻痹自己的思想。

打虎英雄武松在景阳岗显神威打死老虎之后，名震天下。十年后，景阳岗再生虎患，受乡人邀请，武松再次欣然出山。喝了三碗酒之后，踌躇满志地上山了。那么，试想这次将会出现什么样的结局？

有两种结局。一是武松在头一次打虎后，仔细分析了老虎攻击的特点，发奋练习，发明了一套打虎拳，结果不费吹灰之力便为民除了害。

二是武松成了打虎英雄后，趾高气扬，将偶然的成功视为必然的成功，不思进取。结果在第二次打虎时缺乏了危机意识，最终掉以轻心，落入了虎口。

大凡成功的企业家，都有一种危机意识。他们认为客观因素不能改变，只有防患于未然，才能避免发生失误。对于危机意识，他们有独特的见解。

联想集团的柳传志说："我们一直在设立一个机制，好让我们的经营者不去打盹,你一打盹,对手的机会就来了。"

华为老总任正非说:"华为总会有冬天,准备好棉衣,比不准备好。"

微软总裁比尔·盖茨说:"我们离破产永远只有十八个月。"

正是因为他们有着危机意识,使得他们成为成功的企业家,使得这些企业成为中国乃至世界最优秀的企业之一。

如果你意识到了客观不确定因素的存在,做好了应对危机的准备,还是走到了绝境,那只能以平常心对待。

马歇尔·菲尔德的零售店在芝加哥一场突如其来的大火中被烧毁了,所有的家产都变成了灰烬。面对这个令人沮丧的场景,他却指着燃烧中的灰烬说:"我要在这个地方,开设一家全世界最大的零售商店。"他真的做到了。在芝加哥的史笛特街及鲁道夫大道的交汇处,人们至今仍然能够看见马歇尔·菲尔德的公司巍然屹立着。

菲尔德面对从天而降的灾难,有着一颗平常心,所以他才能很快地克服困难,获得成就。

平常心是一种境界,来自于内心深处的豁达、和谐与乐观。只有具备了平常心,才能正确面对挫折与困难,成功与失败。

平常心在应对逆境时所产生的力量是难以估量的。首先,它能够让你正确地对待失去的东西。曾经有句话说"不要为碰翻的牛奶哭泣",说的就是我们该怎样去面对已经失去的东西,失去的终究会失去,无论如何它们哭泣都不会再回来了。平常心在这个时候往往起一种协调剂的作用,能够让我们很快从"失去"的阴影中走出,去追求更精彩的目标。

其次,平常心还能够让你的生活充满快乐。生活中不可能一帆风顺,有成功,也有失败;有开心,也有失落。倘若我们将生活中的这些起落看得十分重,那么生活对于我们来说永远都不会坦然,永远都没有欢笑。

比如，在创业路上行走，有时候亏损，有时候赚钱，甚至会遭遇逆境，这并不完全是环境的原因，也不一定是运气的原因，仅是因为经营方法出现了问题，倘若我们不会以平常心对待这种局面，相信生活一定没有阳光。

总之，那种相信"天无绝人之路"的想法是不正确的，因为人的力量无法扭转客观事实的变化。只有内心做好应对不幸的准备，不幸降临时，你才不至于被它吓住。

【颠倒成功学】

时常听人们说"天无绝人之路"，其实仔细想想，天是有绝人之路的。突如其来的变故，从天飞来的横祸……这些突发事故，往往会影响你的发展进程或者将你拖入绝境。既然绝人之路是有的，这就需要你调整心态去对待。在平时居安思危，做好准备，一旦遭遇客观变故，你才不至于手忙脚乱。如果你做了充分的准备，仍然碰到了灾难，千万不要踌躇，别忘了用平常心去对待。

在错误的方向上停下来就是进步

【当事者说】

有位青年人在别人的引诱下迷恋上了赌博。他的朋友知道了，告诉他赌博是一种坏习惯，并劝他一定要戒赌。然而，这位青年却不以为然，他觉得：我只不过是图个乐趣，又不做赌徒。他还是我行无素，由于尝到了赌的"甜头"，胃口也越来越大了，从最初的几块钱、十几块钱，一直赌到成千上万，甚至上十万块钱。不料，在一次赌博中，他一次性输掉300万，他就是倾尽所有，都不能偿还别人的赌债，直落下个妻离子散的结局。青年人很伤心，自己只不过将玩牌视为一种乐趣，为什么会发展成为赌博，并且落下个如此凄惨的结局呢？

【颠倒评判】

  这位青年人走向堕落是必然的，因为赌博本身就是难以戒除的恶习，他不但不听朋友的劝阻，反而变本加厉，最终落得个悲惨结局。如果他当初悬崖勒马，哪会有如此悲惨的结局呢？世界上没有人是不犯错误的，关键的是犯错误后的选择。有的人明知自己犯了错，还是在坚持，愿意一条道走到黑，不撞南墙不回头，甚至有的人撞了南墙也不回头，结果终于一事无成，终生悔恨。有的人则在发现自己犯错之后，果断地退出，选择一条正确的道路再奋斗，最终取得了成功。

  从前有一个人从魏国到楚国去。他带了许多盘缠，雇了上等的车，驾上骏马，请了驾车技术熟练的车夫，就上路了。楚国在魏国的南边，可这个人什么都不问便让驾车人赶着马车一直向北走去。

  路人问他的车要往哪里去，他大声回答："去楚国。"路人对他说："到楚国去应该往南方走，你这是在往北走，方向不对。"那人不在乎："没有关系，我的马匹快着呢。"路人替他着急，将他的马拉住，劝阻他说："方向已经错了，你的马再快，也不能到达楚国呀！"那人仍旧不醒悟："不要紧，我带的路费还多呢。"路人劝阻说："虽然说你路费十分多，可是你走的不是那一个方向，你路费多也只能白花呀！"那位一心要到楚国的人不耐烦地说："这有什么难的，我的车夫赶车的本领很高呢！"路人没有办法，只好松开了拉住车把子的手，眼瞅着那位盲目上路的魏人走了。

那个魏国人不听别人的好言相劝，凭借自己的马快、钱多、车夫好等优越条件，朝着相反的方向行走。那么，他条件越好，就会离要去的地方越远，因为他的大方向已经错了。

事实上，当你走在通往失败的道路上时，倘若能够迅速地停下来，就是成功的开始了。但是许多人并没有这样做，而是坚持不断地犯错误。历史上，因为不知道改正自己的错误导致失败的人不在少数。最为明显的是三国时期的袁绍。

袁绍出身豪门，世称"四世三公"，所以开始时他很得人心，笼络了很多有才能的人，但是由于袁绍的自大，一错再错，最终败在了曹操手中。在白马之战中，袁绍听说有一位赤脸长须使大刀的勇将（关羽）斩了他的大将颜良后大怒，谋士沮授建议他乘机除去在他旗下的刘备。袁绍指着刘备说："汝弟斩吾大将，汝必通谋，留尔何用！"说着就要推刘备出去斩首。刘备从容地说："天下同貌者不少，岂赤面长须之人，即为关某也？明公何不鉴之？"袁绍听后，改变了主意，反而责怪沮授："误听汝言，险杀好人。"接着，关羽又杀了他的大将文丑。郭图、审配也对袁绍说："今番又是关某杀了文丑，刘备佯推不知。"袁绍听后立刻命人将刘备拿下斩首。刘备又辩解道："曹操素忌备，今知备在明公处，恐备助公，故特使云长诛杀二将。公知必怒。此借公之手以杀刘备也。愿明公思之。"袁绍又一次听了刘备的话，一错再错，反过来责备郭图、审配等人："玄德之言是也。汝等几使我受害贤之名。"结果，后来刘备乘机逃跑了。

倘若说第一次犯错不是你的错，那么第二次还犯同样的错误，那么就是你的愚蠢。袁绍正是失败在自己对很多事情的一错再错的决定上。任何人都有做错事的可能性，但是能从错误中及时得到教训，做出正确的抉择，才是智者的行为。司马迁说："当断不断，反受其乱。"当一个人犯了错误时，不及时反思，不及时做出正确决定，还陷在错误的泥潭中时，一定不能取得成功，反而会越陷越深，最后竟不能自拔，致使失败。

发现错误，并果断地从错误中退出，然后果断地采取新的行动，不但能够避免失败，还会对已经造成的错误进行补救。

战国时候，强大的秦国经常欺侮赵国。有一次，赵王派蔺相如到秦国去交涉。蔺相如见了秦王，凭着机智和勇敢，给赵国争得了不少面子。秦王见赵国有这种人才，就不敢再小看赵国了。赵王看蔺相如如此能干，就封他为上卿。

赵王看重蔺相如，可把赵国的大将军廉颇气坏了。他想：我为赵国拼命打仗，功劳难道不如蔺相如高吗？蔺相如只凭一张嘴，有什么了不起的本领，地位倒比我高许多。他越想越生气，气冲冲地说："我要是碰到蔺相如，一定当面给他点儿难堪，看他能奈我何！"

廉颇的话传到了蔺相如耳朵里。蔺相如吩咐他手下的人，让他们以后碰到廉颇的手下人，要让着点儿，不能和他们争吵。他自己坐车出门，只要听说廉颇从对面来了，就叫马车夫将车子赶到小巷子里，等廉颇过去了再行走。

廉颇手下的人见上卿这么让着自己的主人，更加得意了，见了蔺相如手下的人，就嘲笑他们。蔺相如手下的人受不了这个气，就跟蔺相如说："您的地位比廉将军高，他骂您，您反而躲着他，让着他，他越发不把您放在眼里啦！这么下去，我们可受不了。"

蔺相如平心静气地问他们："廉将军跟秦王相比，哪一个厉害呢？"大伙儿说："当然是秦王厉害。"蔺相如说："对呀！我见了秦王都不害怕，难道还怕廉将军吗？要知道，秦国现在不敢来打赵国，就是因为国内文官武将一条心。我们两个人好比是两只老虎，两只老虎要是打起架来，难免有一只要受伤，甚至死掉，这就给秦国造成了进攻赵国的良机。你们想想，国家的事情要紧，还是私人的面子要紧？"

蔺相如手下的人听了这一番话，非常感动，以后看见廉颇手下的人，都小心翼翼，总是让着他们。

蔺相如的一番话后来传到廉颇耳朵里，廉颇十分惭愧，他光着肩膀，背上一根荆条，直到蔺相如家。蔺相如急忙出来迎接廉颇。廉颇对着蔺相如跪下，双手捧着荆条，请蔺相如责打自己。蔺相如将荆条扔在地上，急忙用手扶起廉颇，为他穿好衣服，拉着他的手请他坐下。蔺相如和廉颇从此成为很好的朋友。这两个人一文一武，同心协力为国家办事，秦国更不敢欺侮赵国了。

廉颇的高贵之处在于知错就改，这无疑是一种进步。试想，如果廉颇与蔺相如长期抗衡，怎么有利于国家的长治久安呢？

几乎没有人从没犯过错，但有人改正了错误，迎头赶上，取得了成功，而有的人则一错再错，没有取得成功。事实证明，只有在错误面前立刻回头，才能够进步。

【颠倒成功学】

有些人认为，要进步就不能犯错误。然而，在实际中，不犯错误是不可能的事情。常言道，人非圣贤，孰能无过。既然人不可避免地会犯错误，那么人应该如何进步呢？那就是在错误的方向上停下来，立刻改正自己的错误。切记，悬崖勒马、亡羊补牢为时不晚，而一味地一错再错，则往往会使自己堕落。

好马也要吃回头草，只要草足够好

【当事者说】

　　章强是一家企业的市场推广部经理。他工作勤苦，为公司做出不少成绩。有一次，他从网上看到一则招聘信息，说一家大型外资企业招聘市场营销，他被招聘广告上的高薪和待遇吸引了，便有了跃跃欲试的想法。于是，章强来到那家公司，并顺利通过了应聘考试。章强便跟原单位辞了职，来到这家外资企业工作。刚进入大公司，章强信心十足。可是没过多久，章强便发现自己对这家公司并不适应。无奈，他只得离开。离开外资企业，章强的原公司视他为人才，还让他继续回原公司工作，并给他提供更好的平台。可是，章强却认为"好马不吃回头草"，无论如何，他都不肯回原单位上班。然而，章强的执拗却使他吃了大亏，他找了很久工作，都没找到比先前理想的。过了两个月，当他又想回到原单位上班时，公司却拒绝了他。章强很苦恼：早知现在，当初就应该走回头路的。

【颠倒评判】

　　章强错失机会是由于他受"好马不吃回头草"的蛊惑，死要面子才导致活受罪。中国人确实有"好马不吃回头草"的观念，究其原因，其中很重要的一点无非是"人情"和"面子"在作怪。如果"好马回头"，就觉得丢"面子"，人们也会认为"早知今日，何必当初"，由此会导致很多人"死要面子活受罪"。其实，一个人在一系列不可抗因素下，要想走有利于自身发展的道路，就要有长远的规划与目标。要注意"长远"两个字，既然考虑长远，就不能只顾眼前，就要学会吃回头草，该退让时就要退让。

有这样一则寓言故事：

一匹好马从草原上经过，眼前有一片绿油油的青草，它一边随便地吃几口，一边向前走。它越走越远，而草却越来越少。几天过后，它已经接近沙漠边缘了。它只要回头走就能够再吃到味道鲜美的青草，但是它坚持想：我是一匹好马，好马不吃回头草。后来，备受饥饿的折磨，它最终倒在沙漠中。

在古代，如同这样有"骨气"的人，宁可被活活饿死也不屈从，真的很伟大，但有些时候，你很难将"骨气"与"意气"划分清楚。许多人在面临不该退让的事情时，都将"意气"作为"骨气"，明知"回头草"又鲜又嫩，却无论如何也不肯回头去吃。

倘若你不吃回头草就会饿死，吃"回头草"时又会碰见周围人对你的非议。所以，你吃你的草，切不能顾忌许多，你只要诚恳地吃，将肚子填饱就可以了。何况时间一长，别人也会忘记你是一匹吃回头草的马，甚至当你吃回头草有成就时，别人还会佩服你是一匹好马。

1976年，乔布斯与好友创建苹果电脑公司，开发出举世闻名的苹果Ⅰ和苹果Ⅱ型电脑，及后来的麦金托什机。

在公司日益发展壮大时，乔布斯和主要投资人间逐渐产生了矛盾。他张扬的性格和逼人的态度，最终使董事会将他降职。

没有了公司实权，乔布斯经过三个多月的熬煎。最终，在1985年9月，30岁的乔布斯向自己创建的公司递上了辞呈。

离开苹果公司后，乔布斯创办了一家名为NeXT的电脑公司。很快，乔布斯独有的商业慧眼开始发挥作用了：1986年，他以1000万美元的价格，从"星球大战之父"，也是美国电影"电脑特技之父"乔治·卢卡斯手中，买下了当时规模十分小、十分不景气的电脑动画制作工作室，成立了皮克斯公司。

在等待和筹备了10年后，乔布斯期待的商机最终到来了：1995年感恩节，皮克斯公司制作的3D电脑动画片《玩具总动员》面世了。这部电影的横空出世在市场上大获成功。

此后，乔布斯在好莱坞占有一席之地，开始成为影响娱乐行业的巨头。

皮克斯公司发展得热火朝天时，苹果公司却在IT业激烈的市场竞争中逐渐退步，连换了几任总裁都不能将颓势挽回。乔布斯的机会终于来了。

1996年，乔布斯将自己的NeXT公司售给了亟需新技术的苹果公司，他因此担任了苹果公司的总裁顾问。1997年，乔布斯又坐回苹果总裁的位置。

乔布斯杀回苹果公司时，开始对公司的产品开发、库存以及管理等方面做整顿。在他的领导下，公司只用了10个月时间，就开发出了具有个性化风格的iMac电脑。iMac的出现使整个电脑界震惊，并在市场上受到青睐。沉寂已久的"苹果"最终重放光彩。

接着，不满足现状的乔布斯，继续竭力寻找能给苹果公司带来创新的项目。这次他将目光锁定在了音乐领域中。

2001年10月23日，乔布斯向世界展示了苹果公司的新产品——iPod音乐播放器。iPod有一个光亮、鲜明、炫目的白色机身，能够连续播放10小时，存储1000首歌曲，是当时市场上首款硬盘式音乐播放器。

事实证明，乔布斯的iPod让苹果公司全面翻身。2004年iPod的全球销售额突破45亿美元，到2005年下半年，苹果公司已销售2200多万台iPod数字音乐播放器。

面对回头草，许多人都会面临"吃"与"不吃"的选择。倘若草不好，不吃也就罢了，可如果是棵好草，你就要回头再吃。吃回头草，往往会使你获得意想不到的成功。

【颠倒成功学】

"好马不吃回头草！"这句话不知使多少人丧失了好机会。很多人在面临该不该回头的选择时，往往会意气用事。明明知道"回头草"又鲜又嫩，却怎么也不肯回头去吃，自认为这样才是有志气。其实，在面临回不回头的关卡时，你要考虑的不是面子问题和志气问题，而是现实问题。如果回头草可吃，你就一定要去吃。

第五章 颠倒看方法——
你工作做得再好，也不过
是台廉价的机器

有的人做事事半功倍，有的人做事事倍功半，说来说去就是一个方法问题。一些人被传统观念蛊惑，勤勤恳恳、任劳任怨干工作，却不懂得如何在老板面前表现自己，不懂得如何借助别人的力量成就自己的事业。最终除了一个"老黄牛"的美名，什么都得不到。这种比窦娥还冤的角色，还是留给别人演吧。新时代的人，要懂得如何颠倒过来看老一辈的成功观念，要用新的方法解决新时代的新问题，做事才能有更好的效果。

不适时亮出绝技，绝技就可能成绝迹

【当事者说】

　　张欣从迈进职场的第一天起，就给自己制定了一条规则：老老实实做好自己的本职工作。在工作中，他也是按照这条规则约束自己的。平时上班，他兢兢业业、勤奋努力，比他人付出多倍的辛苦和努力。但是，他的付出并没有得到他想象中的回报，辛辛苦苦在职场基层奋斗了三年，仍旧处在基层。同事小杨工作并没有张欣刻苦，也没有他勤恳敬业，但是小杨很会在上司面前表现自己的才华。小杨这种做法，张欣向来不赞赏，他认为这是在谄媚，在拍马屁。不久，小杨得到了上司的提拔，很快晋升了。还在职场底层的张欣不由得纳闷了：小杨工作没有我努力、勤奋，为什么这个大香饽饽偏偏让他拿去了呢？

【颠倒评判】

　　传统的观念，总是让人老老实实做好本职工作，这样才能使自己很好地发展。张欣就是受这种观念的影响。然而，当今社会，一个人在职场要想有所成就，不仅要苦干，还要会干。张欣虽然工作努力、能力高，但是他却缺乏毛遂的精神——不会在上司面前表现自己。这只能使他成为一头默默无闻的老黄牛，只能甘当绿叶。事实证明，在当今职场，闷头做工作是难以有所作为的，需要在人际关系上费点心思，需要借助上司的提携和同事关系等提升自己。

　　众所周知，清朝的和珅从一个小小的仪卫差役能够一跃成为二品京官，主要是由于他会处理与皇帝的关系，会在皇帝面前表现自己，从而得到皇帝的器重。

有一日，乾隆皇帝正在后花园赏春光。一位侍卫匆匆走到乾隆皇帝驾前，奏道："云南急呈奏本，缅甸要犯逃脱。"

乾隆皇帝接过奏章，细读后眉头一皱，龙颜大怒，责问道："动物园里的动物们跑出来了，珍藏的上好东西被毁坏了，是谁的责任？"

随从们面面相觑不知如何应对，这时候，和珅在人群中叫道："是典守者不能辞其责耳。"

乾隆皇帝万没想到竟然有人敢应声答话，而且答得很正确，就问和珅："一个仪卫差役也知道《论语》，你读过书吗？"

和珅毕恭毕敬地回复，说自己曾是咸安宫官学的学生。乾隆听后大喜，眼见和珅不仅长得一表人才，还是官学的学生，有心考他一下，便说："你且说说《季氏将伐颛臾》一章的意思？"这正是和珅向往的，他平时的攻读此刻派上用场了。于是，他不急不忙地从容应对。短短几句话，让乾隆皇帝开始留意和珅了。

又有一次，乾隆皇帝在圆明园的水榭上读书，和珅在一旁随侍。不知不觉地，天色慢慢暗了下来。由于乾隆读的书是小字排印的，所以天黑他看不清，于是就对和珅说："和珅，去拿灯来，这行字朕看不清。"

和珅躬身问道："不知皇上看的是哪一句？"

乾隆说："人之道也，饮食暖衣，逸居而无教，则近于禽兽。圣人有忧之，使契为司徒，教以人伦……"然后和珅就一口气将朱子的注疏背了下来："……然后得以教稼穑；衣食足，然后得以施教化……"

乾隆等和珅背完，说："不知道你竟有如此造诣！"于是，乾隆背文，和珅背注，君臣二人一言一语背了很久。

乾隆十分喜悦，和珅这样文武双全的人才在朝臣中，尤其是在满族大臣中间，实属罕见。于是，乾隆立即升和珅为御前侍卫。

许多职场人都有一种想法：只要我工作努力，就一定能得到应有的奖赏。但事实往往证明，只是会做没有用，要想办法让老板明白你做了些什么。只有适时地找机会表现自己、推销自己，才能让老板发现你、器重你。

张强在一家外企公司做文案，工作认真努力，但一直没有得到上司的重视。有一次，他们公司与一家中俄合资的公司洽谈一项业务。他们赶到会晤地点时发现，对方竟有几位俄罗斯人在场。正当老板茫然之时，张强主动和他们用俄语交流起来，看见对方在合同上签了字，老板心里才踏实下来。自然，张强在老板眼中不再是先前那个默默无闻的员工了，而是一个有办事能力的员工，他的升职也不在话下。

试想，倘若张强不善于抓住机会，不在老板面前表现自己，不在关键时刻主动出击，他就可能会被埋没。

所以说，在工作中，空有能力与实干精神还远远不够，还需要营造良好的人际关系，通过老板的提携和同事的帮助，使自己获得成功。如果不善于营造自己的人际关系，只能在职场底层默默无闻。

【颠倒成功学】

许多职场新人受传统观念"勤恳工作会有高回报"的影响，进入职场的大门，就开始刻苦用功，没有哗众取宠之意，只有苦干实干之心。然而，往往是工作越发奋的人，越没有很好的发展机会。相反，一些工作并不刻苦的人，他们善于处理职场关系，借助上司和同事的力量，最终取得了成功。事实证明，埋头苦干只能是一头默默无闻的老黄牛，善于借助别人的帮助去发展，才能最终秀出自己。

没有功劳，苦劳等于零

【当事者说】

　　小陆是一家企业的推销员。一次，老板让他到一家客户那里推销公司新产品，并给他分配了推销任务。第一天，小陆来找客户，碰巧客户不在家。第二天，小陆又来找客户，客户一看是推销员来了，遂闭门不接待，小陆吃了闭门羹。第三天，客户勉强接待了小陆，小陆费了半天口舌，客户只是以"今后需要这种产品，我们会联系你的"为托辞。小陆跑了三趟，竟然没有将产品推销出去。他只好两手空空回公司。见到老板，小陆说："我快累死了，连跑了三天，腿都要跑断了，都没有将这套产品推销出去。"看着闷闷不乐的小陆，老板脸上流露出不悦神色。小陆本以为自己的辛苦努力会得到老板的赞赏与同情。没想到，自己的努力竟然遭到老板的不悦，难道自己没有功劳还没有苦劳吗？

【颠倒评判】

　　小陆为了完成推销任务，的确跑了三天，这意味着他已经付出了劳动，只不过他跑了三天，却空手而回又是事实。可以说，他的这次劳动是白费的，只有付出没有成果，只有苦劳没有功劳。在当今时代，成功企业的管理者们都是很强调工作成绩的，老板们最看重的往往是功劳与结果。

　　有些人会说："没有功劳也有苦劳。"自己为公司付出了努力，按理说，公司不会亏待自己的。但是现实并不是这样，职场是十分残酷的，世界上任何一个人都有可能下岗，哪怕是吴士宏、唐骏、李开复，倘若不能在其位创造出劳动成果，也同样会被辞退。

1993年，正值IBM亏损惨重、即将分崩离析之际，郭士纳出任了IBM的董事长兼CEO。刚一上任，郭士纳扭亏为盈的第一条措施就是裁员。至少有35000名员工被辞退。裁员行动结束后，郭士纳对留下来的员工说："有些人总是抱怨，自己为公司辛苦了许多年，没有功劳也有苦劳，但薪水却还是那么少，职位升迁得也十分慢。只是，那些抱怨的人啊，你想要多拿薪水，你想升迁得快，你就应该多拿出点成绩让我看看，你就得给我创造出最大的效益。现在，甚至你是否能够继续留任，都要看你的表现！业绩是你唯一的证明！"虽然后来IBM重新夺回了商业巨头的地位，但是那35000名员工却没有被召回，他们为IBM付出了很多"苦劳"，但是最终还是被辞退了。

现在的IBM公司中，每一位员工工资的涨幅都以一个关键的参考指标作为依据，这个指标是个人业务承诺计划。只要是IBM的员工，就会有个人业务承诺计划。制定承诺计划是一个互动的过程，员工与直属经理坐下来共同研讨这个计划如何做更切合实际，经过修改，达成计划。当员工在计划书上将自己的名字签下时，其实已经和公司立下了一个一年期的军令状。上司很清楚员工一年的工作，员工自己对一年的目标也很清晰，所要做的就是马上去执行。到了年终，直属经理会在员工的军令状上打分，这一评价对日后的晋升与加薪有很大影响。当然，直属经理也有个人业务承诺计划，上级经理也会给他打分。这个计划是面向所有人的，谁都不允许搞特殊，都必须遵照这个规则走。IBM的每一个经理都掌握着一定范围内的打分权，能够分配他领导的小组的工资增长幅度，并且有权力决定分配额度，具体到每个人能给多少。IBM的这种奖励办法很好地体现了其所推崇的"高绩效文化"。

许多人在工作过程中是有苦劳的，他们可能在某个岗位上已经奋斗了十多年，他们可能在某个项目上时常加点加班，他们可能在某项工作中投入了很大的精力。但是他们在一个岗位上工作了十多年却没有取得大的成就，在一个项目上花费了很多时间却没有任何结果。这样有苦劳，但是却没有什么功劳，必然会被淘汰。因为苦劳在任何时候都不会成为功劳。

现实生活中，功劳胜于苦劳，业绩胜于雄辩。功劳就是业绩，业绩就是功劳。在一家企业中，考核员工的标准只有一个，那就是成绩。只有成绩才能够体现一个员工的价值。业绩是员工的职业生命，业绩是老板衡量员工职场价值的最好工具。老板们看重的不是员工做了多少事，而是做成了什么事，带来了怎样的结果。不管做什么，到最后都只能是拿成绩说话，以功劳来证明自己。没有业绩，没有功劳，一切就没有说服力。一个成功老板的背后必定有一群执行能力卓越的员工。老板心目中打分很高的职员，必定是那些业绩斐然功劳突出的员工，他们也必将获得丰厚的奖赏。

所以，现代职场人一定要转变观念，不要以为你在一家公司中工作了很久，虽然没有什么成就，但是也有资格，也有苦劳，企业不会亏待自己，不会做出对自己不利的事情。其实不然，公司看重的是功劳，没有功劳的努力等于枉费心机。

【颠倒成功学】

传统思想认为，工作没有功劳还有苦劳，以至于有些人做了许多努力，没有得到实际的效益，而抱怨命运对自己不公平。在现实生活中，如果只是一味地苦干，不做出一番成绩，那么苦劳只是白费。因为社会很现实，只有做出一番成绩，才能得到报酬。否则，你的苦劳只能是无用功。

多劳不一定就多得

【当事者说】

小余毕业后到一家规模不大的广告公司工作。试用期是三个月，事先没有说好报酬如何算，负责人只是让他"先干着再说"。公司人不多，每个人都有很多事。小余在公司需要帮助所有的人搞工作。公司没有雇内勤，从泡茶到传真、接电话、打字，都是由小余一个人去做。

有一天，主管让小余给一种新上市的产品设计一个广告方案。为了这个方案，小余查资料、搞调研，经常连夜忙碌。可是到了月底，小余只拿到六百多元钱，连自己的车费都不够。小余不由得叫苦连天，自己付出如此多的劳动，得到的却很少，怎么多劳却不能多得呢？

【颠倒评判】

我们从小受到的传统教育认为只有通过自己努力，做出工作成绩后，才会得到上司的肯定。于是参加工作后，我们便给自己施加多种压力，增加自己的工作强度，延长上班时间，不断改进工作方法，最终，我们在许多方面都能够自如应用，职场中的"能者"便产生了。"能者"一定是"多劳"的，仔细想想，倘若老板发现哪个人是多面手，工作上很高效，是不是会将时间紧、难度大的工作交付他呢？这是老板唯一合理正确的选择。高效的人有多劳的能力，但却没有"多得"的福分，你"劳"了当然能够"得"，但是你"多劳"的部分就不一定"多得"。

所以，在职场上你要明白一个道理，多劳不一定多得，做得多不如做得巧。

2009年，小刘与小张毕业于同一所大学的经济管理专业，并进入同一家企业，从事企划工作。小刘做事刻苦认真，勤恳务实，经常主动留下为公司加班。而小张呢？他每天工作很轻松，经常找主管沟通，给人一种和主管感情很好的印象。

一年后，小张得到升迁，小刘只得获得象征性的鼓励。这让小刘感到不公平，认为小张工作没自己刻苦，只会阿谀奉迎，凭什么反而比自己晋升快？而且还受到公司与主管的重用。自己为公司付出了很多，每天辛辛苦苦地工作，反而落得一场空，于是，他向上司递交了辞呈。

老板接到小刘的辞呈，主动找小刘交谈。刚好快过春节了，公司正考虑该送给客户什么礼物？老板说："小刘，你能不能到市场上跑一趟，看看有没有卖大虾的？"小刘心中很疑惑，不知道为何要他跑这一遭？因为这并不是他负责的工作。但他还是按照老板的要求，来到水产市场。

20分钟后，小刘回到办公室，向老板报告："市场上有卖大虾的。"老板接着问他："市场上的大虾怎么卖？算斤还是算只？"小刘满脸茫然，不能回答。于是，他又来到水产市场，10分钟后又回来报告："水产市场上的大虾是按斤卖的，每斤40元。"

老板听了，当着小刘的面，将小张找来，并吩咐小张，麻烦他到水产市场去看一下，看看有没有卖大虾的。小张立刻问老板："请问大虾做什么用？"老板回答："春节快到了，打算给客户送礼。"

小张马上出门，过了一个多小时，他回来了。一进门，他就提着一斤大虾，向老板报告："在水产市场上我找到两家较好的卖大虾的摊位。第一家的大虾，每只平均3两重，批发价每只卖35元。第二家的大虾，每只平均半斤重，批发价每斤38元。我建议，如果公司要送人，买半斤重的比较好，看起来有分量。我各买了一只带回来给您参考。"

听完小张的报告后，老板问小刘："你看出你们俩有什么不同了吗？"小刘恍然大悟，急忙点头表示自己明白了。老板向小刘进一步说明："同样是去水产市场了解大虾的行情，你们搜集回来的市场信息与态度却不同。小刘，你很认真没有错，但是你并没有考虑这项任务的需求是什么？办好一件事情需要好几趟。而小张呢，不用我多交待，一次就能将事情办妥。"

听了老板的解释，小刘终于明白了干得多不如干得巧的道理。

为什么在工作中，不一定是多劳多得呢？

（1）错误的事情，做的越多错的越多

努力工作有一个误区，就是死钻牛角尖。有些人做事很认真、执著，不碰南墙不回头，甚至别人告诉他这事已经错了，还不知道悔改。他几乎不会想到，一件错误的事情，就算重复一万次那还是错的，而且错误会越积累越大，直至无法收拾。所以说，职场上，能够获得更大成功的人都是圆滑和变通的。

（2）你重复做无意义的事情，只会给人留下愚笨的印象

在职场上，你做对的事情和做错的事情都会发生，但最好别做愚蠢的事情。因为做多了蠢事，就会给别人留下愚蠢的印象。你留给别人憨厚的印象，但最好不是愚蠢。

（3）把时间浪费在收益很低的事情上，只会损耗机会成本

许多人持续做一件收益十分低的事情。他们有小富即安的心态，觉得只要将自己手上的工作做好，有一点好处就行了。这当然不能算错，但是认真想想，你却会发现损耗了很多机会成本。

所以说，职场上多劳不一定多得，关键是多劳能够创造价值。没有价值的多劳，只能是苦劳，是无用功。只有做出成绩的劳动，才能是有益的、有用的。

【颠倒成功学】

先前的传统观念认为，"多劳一定多得"。在当今时代，实则不然。劳动一定要创造出效益来。很多时候，苦干倒不如巧干。有的人费尽九牛二虎之力琢磨一件事情，最后还没有别人不费吹灰之力做出的成就多。这不是世界不公平，而是做事方法的差异造成的。

别信老板说的"骂你是为你好"

【当事者说】

小毕在一家广告公司做文员。她平时工作很认真仔细，对于上司的每次建议与批评都认真接受。有一次，老板让她录入一份材料。过了三天，小毕将录好的材料送到老板手中。谁知道老板接到这份材料，竟然发了怒，他气冲冲地责问小毕："为什么你的工作效率如此低，这样一份简单的材料竟然要打这么长时间，这怎么能够保证工作很好地进展呢？"当时，小毕默然无语，她认为老板的批评是为自己好。后来，仔细想想，老板交

待自己任务前，并没有说几天完成，他是冤枉了自己呀！

【颠倒评判】

在职场上行走，我们总会挨老板的"骂"，老板往往会说"老板骂员工是为员工好"。于是，有些员工将老板的指令奉为圣明，认为老板的批评就是圣旨，岂敢不遵？其实，老板骂你有时固然是为你好，可是有时也只是因为上司在耍权威、心情不爽、甚至就是看你不顺眼才骂你的。

上述故事中的小毕平时工作很认真，在一次给老板交材料时，却遭到了老板的责骂，说她进度太慢。据小毕说，实际上老板在交待她工作的时候，并没有说什么时候完成。小毕的做法也不一定是错误的。这样的话，老板的"骂"就不正确了。或者老板心情不高兴，甚至是在杀鸡儆猴，故意耍权威。

小杨是一家影视公司的编剧，他很有思想，但是在工作中却不顺利。过去，小杨写的文章挨经理的骂，被经理"枪毙"，他还时常自责，并努力改进。后来，小杨发现，只要是自己提出的创意，经理总是鸡蛋里面挑骨头，有时甚至会对他横加指责。小杨难以忍受，但是，冷静下来想一想，为何经理要故意刁难自己呢？小杨想，经理有着很强的嫉妒心。他看到小杨的能力比自己高，就想压制他一下，因为在这位经理眼中，下属的才华比上司高，简直就是"大逆不道"。

了解到上司的责骂是出于嫉妒心，并不是真正的为自己好。小杨心想：天涯何处无芳草。他愤然辞职，摆脱了经理的纠缠。

从小杨的故事中，我们可以看到，上司的责骂有时根本就不是本着为员工好的出发点而来的，就像小杨的经理对他的批评，完全是嫉妒心使然。

如果你还是相信，老板"骂你是为你好"，那么要公道，可以打个颠倒。你可以给他提意见（或者骂他），如果你毫不客气地真提、真骂，老板会怎样对待你？

张丰在一家公司上班，他有一个观念，那就是老板的批评都是为员工好，当老板犯了错时，员工也可以提意见，甚至"骂"老板，因为彼此都是为了对方好。

有一次，公司开例会。老板在会上就公司发展提出了若干条建议，让下属参考意见。其中，老板的一些看法，张丰都觉得有问题。

当老板向下属征询建议是否合理时，张丰第一个站出来，他毫不客气地指责老板建议的不合理性，并说他这样做是为了公司的发展。

听完了张丰怒气冲冲的指责，老板当场只得赞成：张丰的意见很不错，大家都要向他学习。张丰以为自己的"骂"起到了好作用，内心很高兴。

然而，过了不久，张丰在工作中发现，老板不仅没有按照自己的想法修正意见，反而对他的态度明显不如以前了，老板总挑他工作中的失误，哪怕一个小小的错误，老板都会和他斤斤计较。有时，老板还会给他扣上"莫须有"的帽子，横加指责。最终，有一次老板抓住了张丰的"小辫"，将他炒了鱿鱼。

可见，张丰认为"骂老板是为老板好，为公司好"，一旦"骂"出口，老板根本就不认你的账。他认为你是在越级，是对他的不尊重，所以他会对你有成见，甚至炒你的鱿鱼。

按理说，老板对下属说"骂你是为你好"。如果老板犯错误，下属也可以批评上司。然而，事实却不是这样。大多数上司是不喜欢听下属的批评指责的。究其原因，这是上下级之间的不平等关系造成的。

处理上下级之间的不平等关系，需要从以下几方面做起：

（1）以静制动，不能立刻争辩和发生冲突

如果上司对你有不公平的批评，你不能马上争辩或发生冲突。要静下心来想一想，如何以巧妙的方法说服上司，为自己辩解。

（2）否定上司："您说的不是事实，我绝对是对的"

如果上司给你不公正的批评，你可以对他说："您说的不是事实，我绝对是对的"。以此来提醒上司，让他反省自己的言行所失。

（3）从容淡定，用智慧对待领导

做到先听后说，用智慧和事实表明自己没有错。许多人易犯的错误就是，不等上司将话讲完，就直接说："我没有犯错。"也有的人会保持沉默，避免冲突，但有时候事实并不会自己出来说话。

在职场上，老板责骂员工不一定是发自初衷地对员工好，有些时候是为了在下属面前树立权威或者情绪使然。不要完全相信老板说的"骂你是为你好"。其实，老板和下属间的关系本来就是不平等的。老板可以责骂员工。如果员工责骂老板，后果可想而知。明白了这个道理，你就要学会调整心态，从容地应对上下级的不平等关系。

【颠倒成功学】

职场上的许多人认为，老板的批评是为了员工能够进步。受这种意识的影响，有些人对老板的批评来者不拒，有的甚至心里背着沉重的负担，表面还接受老板的批评。然而，实际情形则是，老板在心情不好、想树立权威，或者看某个人不顺眼时，都会使性子，发脾气。有些时候，老板的批评无疑是故作姿态。因为上下级的不平等关系，老板的批评在所难免。作为下属，你虽然不能抵抗老板的批评，但是你要学会如何处理上下级间的不平等关系。

你为老板打工，也让老板成就你的事业

【当事者说】

　　小郑大学毕业后，将干一番事业视为自己的理想。于是，他不屑于给别人打工，而是想独立创业。走上创业道路后，小郑才感觉创业是如此艰难，想成就一番事业实在不是一件易事。一次，他碰到和自己一个系的同学小武。小武毕业后，来到一家外企公司上班。小武干工作，从来不将拿多少工资视为自己的理想。而是给公司创造效益，让老板成就自己的事业。于是，他勤勤恳恳地工作，为老板管理公司出谋划策。由于小武表现良好，他的职务也在不断地晋升，从基层逐渐发展成为公司的副经理。看到小武穿着西装革履，开着豪华轿车，俨然一副事业成功的样子。小郑不觉得内心惭愧：原来给别人打工也能干出一番事业来啊？早知这样，当初我就不选择创业了。

【颠倒评判】

　　过去，许多人的想法和小郑一样，认为成功都是属于那些独立创业、自己做老板的人，而现在则不同了。现在还有一种更好的成功方式就是帮助你的老板成功，自己也会取得成功。也就是说现在可以通过帮助老板，而让老板反过来帮助你获得成功。

　　当今时代，个人的成功往往建立在团队成功之上，没有企业的快速增长，我们也不可能获得丰厚的薪酬。从某种意义上来说，企业的成功意味着老板的成功，也意味着员工的成功。员工和公司是"一荣俱荣，一损

俱损"的关系。倘若公司没有利润，公司倒闭后，受损失的是老板，但员工也没有理想的薪酬，只能失业。作为一位员工，只要将自己的能力打造好，时时为公司着想，全力以赴为公司创造财富，公司效益良好，老板成功后，员工自然也会获得成功。

微软之父比尔·盖茨说过："微软喜欢招纳聪明的人，因为这些比我们更出色之人，能够帮助我们取得更大的成功。"事实上，的确是这样。同时，那些在微软公司帮助比尔·盖茨获得成功的员工，自己也获得了巨大的成功。在微软公司股票上市之后，比尔·盖茨很快成为世界首富。而跟随他的一些员工也成为百万富翁。

1988年，21岁的杨文俊刚刚中专毕业进入伊利，牛根生当时就是他所在的车间主任。几年后，牛根生升任副总裁，他接任车间主任。2006年2月，牛根生辞去蒙牛总裁职位，杨文俊出任蒙牛总裁。

1988年，刚刚大学毕业的杨文俊，被分配到伊利冰淇淋车间不长时间，就引起了担任车间主任的牛根生的注意。在那个时代，冰淇淋产品主要由满是毛茬的竹签穿起来，因为每天需要用指缝夹住这些竹签重复拔出几百批冰棍，杨文俊的双手往往被刺得到处是伤，但他干工作却比每一个工人都更有激情。

比一般年轻人能吃苦，这是牛根生对杨文俊的第一印象。进入伊利两年后，刚结婚的杨文俊没房子住，看中的房子售价4000元，但他每月的工资只有40多元，自己攒的钱加上东拼西借的也只凑得2000元。牛根生知道杨文俊缺钱买不起房，立刻送来2000元。杨文俊感到这笔"巨款"代表牛根生对他的信任，决心与其一起在伊利奋斗。

后来，牛根生与杨文俊都离开了伊利集团。离开伊利后，杨文俊发现，牛奶行业还是自己最熟悉的行业，于是就准备自己创业。但是当杨文俊听说，牛根生准备创办蒙牛时，他毫不犹豫地加入了牛根生的创业队伍。

杨文俊从一个普通中专生，成长为影响中国牛奶行业的经理人，他也认为牛根生的帮助是他成功的前提。2005年9月，带领蒙牛不断创造奇迹的牛根生突然宣布，将辞去蒙牛集团总裁，只保留董事长职务。而新总裁的人选，牛根生宣布将在全球范围内招聘，由国际经理人和公司内的人才共同竞争。

尽管后来有人质疑，这场全球招聘最终又由内部人当选，是否只是一场作秀？但是杨文俊却认为那是实在的激烈竞争。竞争者都针对蒙牛的下一步发展及自己的特长做了讲述后，评委投票选定了杨文俊。

经过一年多的蒙牛总裁任期，杨文俊用业绩直接向外界证明了蒙牛选择自己是正确的。对于他与牛根生现在的分工，他分得很清楚，回答得也十分简洁："如果将蒙牛比喻成一艘大船，那么牛总把握航向，我负责安全、快捷的行驶。"

杨文俊为老板牛根生打工，最终牛根生成就了他的事业。可以看出，一个人要想成功，不一定非得自己去创业，而通过给老板打工，让老板成就你的事业则是更快捷的方法。

取得事业的成功并不一定需要独立创业。如果你置身于一家有发展潜力的公司，将自己的能力展示出来，同样能够获得巨大成功，而且要比自己创业获得的成功还快捷。但是有一个前提，就是你要转变观念，不能只想着自己的利益，而是要通过帮老板成功，让老板反过来助你成功。成功没有固定的模式，但是有很多的道路，而帮助老板成功就是一种跳出传统思维，使自己快速取得成功的正确方法。

【颠倒成功学】

　　许多人认为创业是干事业的主要途径。于是，他们不愿意给别人打工，只是一心一意地想走创业的道路。其实，有些时候，创业不一定就能快速成功，或许还会赔本。而给别人打工，踏踏实实地工作，帮助老板管理公司，老板则会成就你的事业。这样的成功相对快捷一些。所以，要想成就一番事业，简单聪明的办法就是借助老板的帮助，实现你宏伟的理想，成就你的事业。

巧干胜于蛮干，聪明胜于拼命

【当事者说】

　　红英曾是某大学装潢设计系的学生，毕业后在一家设计公司工作，每天的任务挺多。最近部门有两位同事跳了槽，两个人的事全包在她一个人身上，她有点喘不过气来了。她暗自叫苦："确实很累。关键是每天总在重复差不多的活儿，像机器一样不停运转。"她一直在那个设计公司疯狂地工作，做了好多年，倒是为公司付出了很多，但是个人前途却一直停滞不前。有人问她为什么不跳槽，她却说："如果一个人频繁地跳槽，不断地跨来跨去，就会给人形成一种印象：不踏实。"

【颠倒评判】

　　职场传统观念，正如红英的认识，倘若一个人一直在跳槽，那么一定会给人一种不踏实的感觉，但是如果一辈子只干同一份工作，那么就不能取得成功，最多只能是一个普通的员工。虽然对许多人来说，这种踏实工作的员工是需要的，但是螺丝钉精神是难以在事业上取得成功的。除非你是老板，可以用这种精神死死捍卫自己的家产；如果你只是个打工的，把自己全部精力和时间都耗在工资上，也就只能拿工资了，谈不上发财，因为螺丝钉再精致也是螺丝钉，哪怕你是金子做的。

现在企业招揽人才越来越不再重视螺丝钉式的员工了。前联想集团人力资源部总经理鲁灵敏表示："联想"用人的价值取向是：不重学历重能力，不重资历重业绩。重视员工的基本素质，要求员工需要有强烈的责任心，有吃苦耐劳的创业精神，同时是善于学习与总结的学习型员工。总之，要具有上进心、事业心和责任心。而且，联想集团对员工的提拔主要看个人能力，而不是资质。在"联想集团"，考核分为两个层面，每季度进行一次。其一是对部门的考核，它有着强烈的目标导向，倘若部门超额完成了任务，在整体奖金分配上也会有所倾斜。倘若部门业绩不理想，将直接影响到总经理的业绩。另外对个人的考核则分成不同档次，目前设立的包括A、A-、B+、B、B-、C、D几档。考核的内容对于个人很量化，包括每月需要完成的任务指标，岗位责任以及纪律、理念、合作等方面的情况。倘若连续两个季度考核排在末位，就再给一次调岗的机会，如果还不成，就实行末位辞退制度。鲁经理指出，这种反向激励的作法使员工抛弃做"螺丝钉"的陈旧观念，争当企业的"发动机"。

螺丝钉的时代已经过去了，但是许多人却仍然没有改变自己的旧观念，仍然愿意在一个工作岗位上辛苦工作，像螺丝钉一样默默无闻。而大凡成功者很少有愿意一直做螺丝钉的，他们总在寻找发展良机，不断地使自己提高。因为成功从来都不属于那些一直像螺丝钉一样在某一行业某一职位工作的人，而是属于不断进步，不断地挑战自己的人。所以，如果你有足够的能力，就不要默默无闻地做一颗螺丝钉。

【颠倒成功学】

先前，人们认为"干一行就要爱一行"，将寻找新的发展良机视为不安分守己。然而，事实表明，那些安分守己的人倒成了碌碌无为之辈。相反，那些不知足，"这山看着那山高"的，不断追求高目标，不断跳槽的人却最终成就了一番事业。所以，寻觅你身边的每一个发展良机，尽快成就你的事业吧！

机会抓不住马上就是别人的了

【当事者说】

一位年轻人很想娶农场主的女儿为妻。于是，他来到农场主家中求婚。农场主仔细打量他，说："我们到牧场去，我会连着放出3头公牛，倘若你能抓住任何一头公牛的尾巴，你就能够娶我的女儿。"

于是，他们来到牧场。年轻人站在那里焦急地等待农场主将公牛放出。不久，牛栏的门打开了，一头公牛向年轻人冲过来。这是他所见过的最大、最丑陋的一头牛。他想了一下，心想下一头牛应该比这一头好吧。于是，他跑到另一边，让这头牛从牧场穿过，向牛栏后门跑去。

牛栏门再次被打开，第二头公牛冲了出来。它体形庞大，十分凶猛。"哦，这实在是太可怕了。不管下一头公牛是啥样的，总会比这头要好。"于是，他赶快躲进栅栏后边，让这头牛跑过去。

不久，牛栏的门再次打开了。当年轻人发现这头公牛时，脸上露出微笑。这头公牛体形矮小，还很瘦弱。这正是他要想抓住的牛。当这头牛向他跑过来时，他看准机会，猛地一跳，正要去抓牛尾巴的时候，却发现这头牛竟没有尾巴。

【颠倒评判】

人们时常认为把握机会很重要，好的机会能给你带来意想不到的收获和财富。所以，他们便苦苦地等待机会的降临。然而，时光飞逝、光阴荏苒，机会却在他们的等待中慢慢地流失了。他们还会抱怨：为什么我一心追求机会，机会却不青睐我呢？是机会不青睐你吗？我看未必，机会是转瞬即逝的，只有有心人才能发现，把握机会需要一双慧眼。

先前听人讲过这样一个故事：有一个20出头的小伙子快步走在路上，对路边的景色与过往的行人全不顾。一个老人拦住他，亲切地问道："小伙子，你为何行色匆忙？"

小伙子飞快地向前奔跑着，只冷冷地甩了一句："别拦我，我在寻找机会。"

转眼二十多年过去了，当年的小伙子已经变成中年人，他依然在路上奔跑。

又一个老人将他拦住，问道："喂，伙计，你在忙什么呀？"

"不要拦我，我在寻觅机会。"

又过去了二十年，这个中年人已经成为面色憔悴、耳聋眼花的老人，他还在路上挣扎着向前挪动。

一个人拦住他，"老人家，你还在寻找你的机会吗？"

"是啊。"

当老头答完这句话，猛地一惊，一行眼泪流了下来。原来刚才问他问题的那个人，正是机遇之神。他寻找了一辈子，可机遇之神实际上就在他的身边。

故事中的这个人，寻找了一辈子机会，却不知道机会就在他的身边。对于这个人来说，把握机会即使再重要，也只能是一句空话，因为他不具备识别机会的慧眼。

其实，从身边很多人的经历可以看出，发现和把握机遇是一种能力，是一种务实的心境。机遇不是从天上掉下来的，是从熟视无睹的、微小的地方，通过敏锐的观察分析和发现得来的。

有一个小故事，讲三个小白领对待机遇的不同态度。第一位美女总觉得自己的才华没有得到赏识，经常想如果有一天能见到老总，有机会展示一下自己的才干就好了，但却只限于空想并没有付诸实践。

第二位美女也有同样的想法，并且采取了行动。她打听到老总上下班的时间，算好他大概会在何时进电梯，她也在这个时候去坐电梯，希望能遇到老总，有机会可以打个招呼。这位美女确实穿着精心挑选的职业套装"偶然"遇到了几次老总，但是都没有深谈，没给老总留下印象。

第三位美女则采取了更积极的方法。她详细了解了老总的奋斗历程，弄清老总毕业的学校、人际风格、关心的问题，精心设计了几句简单却有份量的开场白，在算好的时间去乘坐电梯。就这样，她跟老总打过几次招呼，得到了一次长谈的机会，老总记住了这个毛遂自荐、对工作有一定见解的无名小卒，并很快提升了她。

这三位美女的故事告诉我们，机会不光是从天上掉下来的，还可以去自己创造，去争取。如果你是那个有所准备的人，一定能够找到适合自己扎根的土壤。

也许你不熟悉伊娃·门德斯这个名字，但是你肯定对 Calvin Klein 秘密诱惑香水广告里那个性感得让人喷血的女模特印象深刻。那个美得让女人不忍心嫉妒的女人,就是伊娃·门德斯。

少女时代,门德斯就向往好莱坞的舞台,一直苦苦寻找机会,但是运气似乎不太好。当时的她完全是个丑小鸭,还曾因龅牙被同学耻笑。大学四年级那个暑假,她开始找工作,一天参加十场试演却毫无收获。好在,她继续坚持着。一个偶然的机会,她参加空中铁匠乐队音乐录影带的录制。这时的门德斯已经懂得如何打扮自己,容貌和身材上都跟从前迥然不同,这次录影让人们记住了这个"性感"的拉丁裔美女。

靠录制穿泳装的录影带是进入不了好莱坞的,门德斯明白这个道理。于是她继续试镜,继续碰壁,终于得到了一个在恐怖片里扮演惊声尖叫的女人的机会。虽然是个小得连名字都没有的角色,她也分外珍惜。在她看来,这是为梦想铺路。

有了这次"演出"经历之后,门德斯开始有意识地去学习表演,参加培训课程。而恰恰就是在培训班里,她结识了伊凡·楚贝克,从此找到良师。门德斯接戏的范围很广,无论喜剧、动作片,还是剧情片,她都愿意尝试,她相信这样可以学到更多东西,遇到更多机会。果不其然,她先后认识了斯蒂芬·斯皮尔伯格、斯派克·琼斯、佩德罗·阿莫多瓦这样的大导演,跟他们一起工作,终于与威尔·史密斯搭档演出了《全民情敌(Hitch)》这样叫好又叫座的电影,成功地摘掉了"花瓶"帽子。

不管在哪种类型的职场里,机遇都是红花生长的土壤。没有土壤,红花连生存的希望都很渺茫,更谈不上"一任群芳妒"了。所以,一定要擦亮眼睛,去看待机会、把握机会、利用机会。

【颠倒成功学】

　　认为身边没有机会的人,是因为他们缺乏发现机会的慧眼,并不是世界上根本没有机会。常言讲得好:"机会属于有心人。"只要细心去捕捉,机会总会有的,就怕你是一个天上掉下馅饼都看不见的人。

"用人不疑,疑人不用"是一大误区

【当事者说】

　　某公司来了一位优秀的财务经理,该经理进入公司后在业务及交际方面都表现得很优秀,于是很快就赢得了老板的信任。当时这家公司在与另一家公司筹备一个合作公司,合作开发一个项目,老板不但派这位财务经理到合作公司当主管行政、财务的副总,还将公司的公章与财务章一起交予他保管,对他许多业务活动与财务活动都不控制。结果,不到两个月时间,问题就出现了许多,这个人不仅假公济私,还自作主张在上百万的合同上签字盖章。老板还蒙在鼓里。事情败露后,老板十分恼怒,他后悔当初对这个人太相信了,以至于造成了今天的损失。

【颠倒评判】

　　"用人不疑,疑人不用",这是我国传统的用人观,现在人们似乎仍在津津乐道。确实,这种观念曾在封建君主制的前提下,起了积极的作用。然而,随着时代的发展,全球化的管理,尤其是在用人制度的公开双向选择下,这种观念越来越显示出它的缺陷。

"用人不疑，疑人不用"，最典型的就是三国刘备用人的故事。他"宽厚大量，知人善任"，以信任为基础，从不怀疑自己的部下，所以拥有了关羽、张飞、赵云、诸葛亮等优秀人才，并创建了蜀国的基业。因此，刘备的家业可以称作亲情凝聚的典范。

关羽能够放弃一切厚禄，过五关、斩六将，历尽千辛万苦回到刘备的旗下；张飞可以努力打下一块小地盘，等待刘备来当家作主；赵云能够冒着生命危险，抢救刘备的儿子阿斗；诸葛亮受刘备临终托孤，"鞠躬尽瘁，死而后已"，刘备管理的基石就是信任感重于亲族。

然而，封建社会中的佳话只能是佳话，这远不是啥好事情，只不过是在合适的时间遇到了一些合适的人，做出了合适的事情，成就了合适的功劳而已。否则，智者如诸葛亮之辈，为何不听实际上比他计策好、对统一和作战有利的魏延将军的话，六出祁山岂不功成名就，反而设计将魏延杀掉呢？当将亲情作为统御下属的工具，"用人不疑，疑人不用"地去实行亲情管理时，企业往往会步入一个管理误区，最终难免失败。

"疑人不用"的误区，则好像非用之人就什么都不是。其实，任何一个人都是有优缺点的。如果一味地"疑人不用"，经常就会失去人才。

如果一个企业真的将用人不疑、疑人不用当做用人理念，那么，这家企业距离破产就不远了。原因是，其一，缺乏监督机制。用人就需要有监督机制，所有人都不能例外，绝对权力产生绝对腐败，只有在有监督的情形下系统才能够长期稳定。用人要疑实质上是对员工的爱护，可以防止员工犯大的错误。其二，陷入完美陷阱。企业不能要求员工完美，是人就有缺陷，企业就是要用有缺陷的员工，否则企业将会面临无人可用的怪圈。所以，疑人也是要用的，关键是有效限制其短处，最大限度发挥其长处。

"用人不疑，疑人不用"运用到当今的企业管理中，已然有了更多的衍生词。"用人不疑，疑人照用"、"用人需疑，疑人需用"，这些都是对传统"用人不疑，疑人不用"观点的颠覆。这些观点并非没有什么道理。

那么，"用人不疑，疑人不用"的观念有什么缺陷呢？

（1）思想根源带有一定的封建礼教行为

"用"是目的，"疑"是手段。用和不用是单向的，并且是以"疑"作为条件的。而"疑"的标准是什么呢？应该是信任度。而确立信任度高低的主要因素就是"忠与不忠"。典型的君臣关系。其实，现在这种思想到处可见。倘若想跳槽辞职，自然是不忠。

（2）在用人的实际过程中是有缺陷的

"用人不疑，疑人不用"，时常会造成很多管理者和被管理者的疑惑和冲突。"用人不疑"在现代企业管理中是"相信你是最棒的"，但一味的"不疑"，就是放任、失控。然而有些人的思维在权力、金钱面前，是会变化的。所以，不疑是不现实的。

（3）网络信息时代，更使其局限性显露

过去，将军带兵远征，或者镇守边关，沟通成为最大的障碍，信息不能及时传递。所以，用人没办法疑，疑人也绝对不能用，所以必须是基于个人信任的支配型。而现在，即使是在不同的国家，也能够随时通过网络进行指挥与决策。

当然，"用人不疑，疑人不用"的缺陷还很多，这里不一一列举了。基于此，曾经有人针对这一用人观念，提出了"用人要疑，疑人要用"的说法。这里需要注意以下两点：

（1）授权

"用"和"疑"实质上是授权和信任问题。先谈授权，现代企业经营的好坏，在管理上有一个关键问题就是授权。实际上，现代很多企业的老板想授权，也很想授权给职业经理人经营管理企业。但是不敢授权，就是怕授权，大概也是由于没有找到授权的"诀窍"。

（2）监督

授权需要后盾，需要条件。只有在正确监管控制的机制下，制度保障的平台上，才能够委以重任，才能授权。监督主要体现在两个方面，其一是建立企业的控制体系、控制工作方向、控制工作目标；其二是控制财务，不定期审查。在这个条件下，任由下属去做，去创新，充分展现其才华。

"用人不疑，疑人不用"几乎是中国人的传统，也是企业、商业等管理层用人的标准，因为不疑，所以放心，所以可以出成绩，所以事业能够延续发展，这其实是对管理和实践的最大亵渎。

【颠倒成功学】

一些企业片面地认为，"用人不疑"就是要绝对相信所用之人的德和才，用与被用两放心，否则他就不会放胆实干。这是片面、错误的认识。结果只能是缺少必要的"疑"，即考察、监督。甚至还会导致检查、监督机构形同虚设，使纪律、制度成为空话。另外，随着环境的变化，工作的情况和难度都在不断发生变化，再加上人本身就是一个复杂的、变化的个体，用人不可能不"疑"，否则便会出现以权谋私的现象。

第六章 颠倒看社交——等闲变却故人心,却道故人心易变

看着中国古典名著长大的人，都有一种浓得化不开的兄弟情结和英雄情结，忠和义是中国人信奉了多少年的做人信条、处事原则。但是血淋淋的事实告诉我们，大多数"兄弟"是靠不住的，大多数"组织"是靠不住的，那些用大道理忽悠你的人，不过是想让你为他们的理想服务罢了。所以，防人之心是必须有的。至于害人之心，那要看你面对的是什么样一个人。有道是放虎归山必留后患，你放过他，他未必放过你。这个时候，老祖宗的善良的教条也要颠倒过来看，害一个坏人没什么错。

别相信"大哥",他只是个传说

【当事者说】

　　张峰与刘勇是铁哥们儿,刘勇称张峰为大哥,并将他视为"生死弟兄"。刘勇高中毕业后,决定走创业的道路。可是自己势单力薄、两手空空,要想创业谈何容易?于是,刘勇便找在家赋闲的张峰合伙创业。张峰欣然同意。他们二人合伙开设了一家服装店。投资时,大部分钱都是刘勇的,张峰只是略表一下心意而已。生意开张了,经营生意,刘勇也是处处牵就张峰,什么脏活累活都是刘勇一人干,张峰只吃现成饭。由于经营有方,几个月下来,服装店倒赚了一笔钱。然而在利润分配上,张峰要拿大头,这明显说不过去,张峰没投多少资,没操太多的心,利润大头理应让刘勇拿。然而,张峰给出的理由是:我是你大哥,我当然应该拿大头。刘勇很纳闷,难道大哥就应该占便宜没够吗?难道大哥就应该自私吗?

【颠倒评判】

　　上述故事中的刘勇无疑是哥们儿义气的受害者,他受封建传统道德观念的影响,认为大哥是至高无上的,与大哥在一起就应该以他的意志为准。没想到,他这位大哥张峰竟是如此自私。传统道德中的"迷信大哥",在现实生活中往往会让人吃亏。因为人心都是自私的,大哥只是一个虚头衔,这只是让其他弟兄为他卖命的幌子而已。

　　"水浒"的故事可谓家喻户晓,梁山寨主宋江就是一个自私的大哥,很多为他卖命的兄弟最终都成了亡命之徒，没有实现自己的真正理想。

宋江原是一个押司，吃惯了铁杆皇粮，所以报效皇恩是他最大的理想与心愿。可是事出不巧，宋江私通梁山的书信，却被自己的姘妇阎婆惜发现，她以此要挟宋江。宋江为了不使自己的名声败坏，遂杀阎婆惜，为人命官司所逼而逃走，后来几经波折，险些丧命，最终只好上了梁山。

宋江自上梁山后，一直奉行"只反贪官，不反皇帝"的原则，甚至在他当了梁山寨主后将晁盖的"聚义堂"改为"忠义堂"。而他手下的许多兄弟都是受黑暗的社会制度逼迫，都是想"杀进东京，夺了皇帝鸟位"，自立江山的人。然而，他们却被哥们义气束缚住了，都迷恋于他们心目中的大哥宋江，并不反对他的举措。

为了拔掉眼中钉，奸臣高俅、蔡京等向皇帝献上招安梁山好汉的毒计。然而，一心追求功名利禄的宋江，并没有识破奸人的险恶用心，反而一心想招安，丝毫不顾梁山泊众弟兄的反对。

高俅在梁山泊兵败，被张顺等人抓住后，林冲拔剑要杀掉昔日的仇敌，但是宋江怕他的招安之事化为泡影，坚决制止了林冲，林冲杀贼未遂，气愤而死。可见，宋江这位大哥，为了自己的利益，丝毫不顾兄弟情谊，不顾兄弟的深仇大恨。

梁山好汉被招安后，朝廷便让他们去征讨方腊农民起义军。这是一箭双雕的毒计。宋江一心想为朝廷立功，好实现他的功名利禄梦。于是，宋江便让梁山众弟兄去"陪绑"，前去征讨方腊。在与方腊的战斗中，梁山泊许多好汉皆阵亡，就连英勇无比的武松也断了一只胳膊。可见，宋江无疑是为了自己的私愿，而让众弟兄为他赴汤蹈火，要知道很多梁山好汉是不图功名利禄的，只是忠于他心目中的大哥。

宋江收拾残兵回到朝廷，等待他们的并不是加官晋爵，而是皇帝的一杯毒酒。皇帝赐毒酒给宋江，宋江在死前还骗了李逵，也让他喝了一杯毒酒，并说道："兄弟，你休怪我！前日朝廷差天使赐药酒与我服了，死在旦夕，我为人一世，只主张'忠义'二字，不肯半点欺心，今日朝廷赐我死无辜，宁可朝廷负我，我忠不负朝廷。我死之后，唯恐你造反，坏了我梁山泊替天行道的忠义之名。因此，请将你来，相见一面。昨日酒中，已经为你放了慢性毒药，回至润州必死。你死之后，可来此处楚州南门外有个蓼儿洼，风景尽与梁山泊无异，和你阴魂相聚。我死之后，尸首定葬于此处，我已看定了！"

宋江为"忠义"而毒死李逵，这纯粹是自私的行为。李逵跟着宋江打天下，奔波劳碌，九死一生，最后被授予润州都统制的小官，本能够从此安度晚年，如今却要被他的大哥"拉"着共赴黄泉，而且理由仅是怕坏了梁山泊的名声，足见宋江的自私。

从宋江的故事中我们可以看出，大哥往往是自私的，一味地迷信大哥，弄不好就会被愚弄和戕害。所以说，凡事应该有自己的主张，不能受别人的摆布，更不能受哥们儿义气的毒害。

常言讲得好，亲兄弟明算账。对于受害者刘勇来说，合伙创业，更不能讲究哥们义气。与哥们儿合伙，首先要讲明条件，讲清楚利润如何分配，并要建立一个书面协议，不能凭一纸空文、君子协定就进行合作。这往往是靠不住的。

现实生活中，有很多大哥是自私的，以兄弟相称，不过是让别人替他卖命罢了。碰到这样的大哥，如果你还对他忠心耿耿，说一不二，那无疑就是愚忠。你看看中国历史，有几个愚忠的人有好结局的？所以说，千万别迷信大哥，他只是传说。

【颠倒成功学】

　　有些人受传统观念的影响，大讲哥们义气。其实在现实生活中，你讲义气，不见得你的大哥就是讲义气的，如果你的大哥和梁山的宋江一样自私，你为他卖命，岂不是要吃大亏？所以，凡事应该有自己的主心骨，不能一味地听大哥的安排，这样你才能避免失败。

成功不光靠努力，还得靠借力

【当事者说】

　　婷婷认为团队的力量是巨大的，她也相信职场中的每个员工都是平等的协作关系。她在工作中，也善于和同事打成一片。随着工作时间渐长，婷婷越来越发现员工间的协作都是存在一种利益关系，也就是说相互借力，并不是单纯的协作关系。她还发现，那些不能被借力，或者不会借力的人，往往会处于团队的边缘。这使她很纳闷，难道团队间的协作也必须建立在利益基础上吗？

【颠倒评判】

　　人们通常认为，团队间应该是单纯、无私的合作关系，团队的力量是强大的。其实，在现实生活中，团队成员间的关系往往是相互借力的关系。也就是说，团队伙伴的相互借力，才使团队不断发展壮大的。可以说，没有任何一个团队不存在相互借力的关系。一个人要想在团队中有所作为，既要学会借团队的力量发展自己，又要将自己的力量奉献给团队，使其转化为团队之力，通过团队绩效的提升来实现自己的人生目标。

汉高祖刘邦曾经这样说过："夫运筹策帷帐之中，决胜于千里之外，吾不如子房；镇国家，抚百姓，给馈饷，不绝粮道，吾不如萧何；连百万之军，战必胜，攻必取，吾不如韩信。此三者，皆人杰也，吾能用之，此吾所以取天下也。项羽有一范增而不能用，此其所以为我擒也。"

今天看来，刘邦文化程度很一般，要想靠学业取得成功无疑很难，但是他的事业却是很成功的。刘邦的成功，一个方面原因是他善借团队之力；与之相反，项羽不善借团队的力量，从而导致失败。

要想事业取得成功，就要学会借力团队。借力团队有两层意思，其一是借助团队的力量发展自己，所以要选择适合自己发展的团队。其二是将自己的力量转化为团队的力量，通过团队绩效的提升来最大程度地获得个人的发展。

那么，什么样的团队才是适合自己的呢？首先是个人的行为价值取向要和团队的基本价值观相融合，否则工作起来就只能是身心分离，其次是个人能够成为团队中不可或缺的一员，以己之长，补团队之短，或成就团队之所长，否则自己就是多余的人。

大凡成功者都是善于借助团队的力量的。三国时期的刘备，曾经只是一个卖草鞋的小贩，文不及孔明，武不及关张。可是智慧的诸葛亮，勇猛的关张赵，都被刘备所用。正是由于刘备能够文借孔明，武借关张赵等武将，才成为最善于借力的人。

春秋时鲁国单父县，县长职位空缺，鲁国君请孔子推荐一名学生，孔子推荐了巫马期。他上任后工作很努力，辛辛苦苦地工作了一年，单父县大治。不过，巫马期却由于过度劳累病倒了。于是，孔子推荐了另外一个学生宓子贱。子贱弹着琴、唱着小曲就到了单父县。他在官署后院建了一个琴台，终日鸣琴，身不下堂，日子过得十分滋润，一年下来单父县大治。后来，巫马期很想和子贱谈一下工作心得，于是他找到了宓子贱。

宓子贱是一个不到30岁的小伙，个头不高，面色红润，有一个睿智的额头，说话慢慢的，眼睛黝黑发亮。在他面前，巫马期感觉到了压力。

两个人的谈话很快便进入正题。巫马期握着子贱的手说："你比我强，你有一个好身体啊，前途无量。看来我要被自己的病所耽误了。"

子贱听完巫马期的话，摇了摇头说："我们的差别不在于身体，而在于工作方法。你做工作靠的是自己的努力，可是事业那么大、事情那么多，个人力量毕竟很有限，努力的结果只能是勉强支撑，最终伤害自己的身体。而我用的方法是调动能人给自己做工作，事业越大可调动的人就越多，调动的能人越多事业就会越大，于是工作也越做越轻松。"

常言讲得好，一个篱笆三个桩，一个好汉三个帮，这是人们由从古至今的生活中得出的经验。要想成就一番大事业，必须依靠大家的共同努力。在当今这个竞争异常激烈的环境中，只靠一个人打天下是不现实的，我们需要借助团队的力量，在事业上获得成功。

香港富商李嘉诚成功的因素有很多，其中一个主要原因就是他善于借助团队伙伴的力量，善于和各类竞争高手团结协作。在他的旗下，聚集着这样的一群人：

霍建宁，毕业于香港大学，后去美国留学，1979年学成归来被李嘉诚收归长江实业集团，出任会计主任。1985年被委任为长江实业董事。他有着非凡的金融头脑。

周千和，是跟随李嘉诚多年的创业者，他勤劳肯干，真诚待人，为人处事严谨精明。

周年茂，周千和的儿子，曾在英国攻读法律，对各项法律条文了如指掌，是经营房地产的老手，属书生型人才，被李嘉诚指定为长江实业发言人。

洪小莲，是李嘉诚的秘书，跟随李嘉诚20余年，为李嘉诚立下了汗马功劳。她精明能干、雷厉风行，颇有"女强人"之风。

上面的四个人都属于创业奇才，李嘉诚将他们拉在帐下，借助他们的力量发展自己的事业。这些人也借助李嘉诚的力量，使自己走向了更大的成功。

现今，李氏企业的业务包括房地产、通讯、能源、货柜码头、零售、财务投资等，范围很广。试想，如果李嘉诚不与他人合作，只靠一个人的力量，即使他有三头六臂，也不能创造这样宏大的事业。所以，李嘉诚的成功更确切一点地说，应该是借助团队的力量成功的。

在市场竞争中，如果你不懂得借力的重要性，往往会失去很多发展机会。

张某与顾某是某汽修公司的两位职员，总经理要在他们两人中选一个提升为主管。谁比较合适呢？张某做工作胜于顾某，他很喜欢与各部门竞争，总想击败对方，在专业技术方面比顾某强；顾某的工作虽然没有张某出色，但他知道怎样与别的部门配合，并和每个人都能很好的协作。他要在各方面配合公司的目标，经常找时间去各部门看，了解其他部门的职责与问题，从而增加自己的能力。最终，经理选顾某当了主管。经理说："张某的能力虽强，但他的事业眼光很狭窄，将自己局限在了专业领域，不给自己晋升机会。倘若只将自己限制在专业领域里，而不明白合作借力的重要性，那顶多只是一个熟练的技术人才。"

在社会不断发展的今天，谁不善于借助团队的力量发展自己，谁就会被社会潮流所淘汰。那些善于在团队中相互借力，不断发展自己的人，才能离成功越来越近。

【颠倒成功学】

　　常言讲得好：孤掌难鸣、独木不成林。一个进入社会的人，必须意识到，只有将自己融入团队，借助团队伙伴的力量，才能发展进步。切记，任何团队都存在借力关系。团队间不能相互借力，团队不能发展，个人也不能进步。

自以为了不起的人一定起不了

【当事者说】

　　任鹏在校读书时是一个优秀的学生，在学校里老师视其为骨干；回到家中，父母又将他视为掌上明珠。走上工作岗位，由于他的工作成绩出色，上司提拔他当上了主管，视其为公司的顶梁柱。披着许多荣誉，任鹏便认为自己是"天下第一"了。他开始在同事面前出风头，开始对不如他的同事评头论足，指手画脚。由于自满的情绪占据了他的心灵，他便不在提高自己能力方面用功了。时日长久，他的工作能力越来越差，竟然不如刚进公司的普通员工。由于任鹏的工作能力直线下降，老板毫不客气地撤掉了他的主管职务，使他从公司高层迅速跌入低层，又成为一名普通的员工。任鹏愤愤不平，无论如何，我总是优秀的，为什么公司领导竟这样对待我呀？

【颠倒评判】

　　生活中有些人，做出了一点成绩，就会认为自己很了不起，尾巴翘到了天上，会认为自己就是主角，是不可替代的主角。正如上面的任鹏，本来自身很有优势，就应该不断求上进。但是，他却因优势而自满，将自己视为不可替代的主角，再不做任何努力。"人不学习要退步"，由于任鹏跟不上形势，工作能力下降则是必然的事情，那么他从主角沦为龙套也是在情理之中。现实生活证明，将自己视为主角的人，说不定会是龙套的命。真正聪明的高手，应该是该精明时精明，不该精明时装傻。

　　大凡有些人，在做成功一件事情后，就不可一世，躺在功劳簿上吃老本。一个人的成绩都是他在谦虚好学的时候取得的。他什么时候骄傲了，不可一世了，那么他就必然会停止前进的步伐。

　　三国时期蜀汉著名将领关云长，英勇善战，有万夫不当之勇，受世人仰慕，被尊称为"武圣"。汜水关斩华雄、虎牢关战吕布使他天下扬名；斩颜良、诛文丑、千里走单骑彰显其英雄本色；攻樊城水淹七军体现了他的智勇双全；为治愈创伤，他请华陀为自己刮骨疗毒，虽然鲜血盈器仍谈笑自若，他坚强的性格更为世人所称道。但是这样一位接近理想的人物，却有一个致命的弱点，那就是将自己当主角，不将任何人放在眼里。刘备封五虎大将时，关羽轻视黄忠，以拒封表示反对，在内部搞不团结；他不顾孙刘联盟共御曹操的重大战略部署，多次与东吴政权发生龃龉，使孙刘联盟生隙；他将江陵、南郡等后方重镇及供应军需的重任交给素来对他不满的糜芳和傅士仁，且不安定人心；更为严重的是，陆逊一封假意"恭维"他的信件，竟让他放松警惕，将后防重兵撤去，最终使他以"失守荆州、败走麦城"这样一幕悲剧结束了自己的一生。

关云长失败的原因，就是他做主角的心态。如果他谦恭下士，将自己视为龙套，不掉以轻心，不自高自大，他自己的结局将不会如此悲惨。

人生在世会遇到多种多样的险境，不可一世、骄傲自大可能是最可怕的一种。处境卑微自然不幸，却没有很大的危险。最可怕的是身处险境而高视阔步，只知天风浩荡，不见峡谷深。其实，只要脚下的某块石头一松动，就会有坠入深渊之危险，而那些不可一世的英雄会全然不知，独自陶醉于"一览众山小"的豪情中。却不知道正是这时，脚下的石头是最容易松动的。

三国时期的祢正平很有文才，在社会上颇有名气，但是，他恃才傲物，除了自己，任何人都不放在眼里。容不下别人，别人自然也不能容他。所以，他"以傲杀身"，被黄祖所杀。

祢正平短短一生未经军国大事，是块什么样的材料难以断定。然而狂傲至此，即使他有孔明之才，也必招杀身之祸。

大凡成功的人，往往懂得"站得越高，摔得越惨"的道理。所以，他们即使站在高层，也懂得低调做人的道理。

"指挥皆上将，谈论半儒生"的明朝开国功臣徐达与朱元璋是儿时的伙伴，曾在一起放牛。徐达少年没有机会读书，但他十分谦虚好学，每次出征前都带着许多兵书，仔细揣摩研读，掌握了渊博的军事知识。所以每次作战总是料敌如神，进退有据，每战必胜。他有勇有谋，是中国历史上不可多得的将才。就是这样一个战功显赫的人，从来不向皇上争功。

因为徐达功高爵显，朱元璋将自己住过的宅邸赐予他。旧邸是朱元璋登基前当吴王时住过的府邸，可是徐达拒不接受。没有办法，朱元璋只得约徐达在他的宅邸饮酒，并将其灌醉，亲自将他抬到床上睡下。半夜徐达酒醒后问家人："这是什么地方？"家人说："是旧邸。"徐达慌忙站起身来，伏于地上自呼死罪。朱元璋看其如此谦恭，十分高兴。命官员在此邸前修建一所宅第，门前立一石碑，并亲书"大功"二字。后来，徐达病逝于南京，朱元璋为之辍朝，悲恸不已，追封为"中山王"，肖像陈列于功臣庙第一位，称之为"开国功臣第一"。

徐达为何能受到如此厚爱？源于徐达懂得低调做人的道理。低调做人是一门学问，徐达清楚"伴君如伴虎的道理。"倘若自己居功自傲，无异于引火烧身。在社会中行走，难免遇到大大小小的事情，碰到许许多多的人，会有身处困境时候，而始终保持较低的姿态，更容易得到别人的认可，少走许多弯路。

小郭是一家外企公司的部门主管，他在这个"高位"上已经工作10个年头了。是什么原因使他成为职场"不倒翁"的呢？

小郭虽然身处领导高位，但他丝毫没有"官架子"。他在工作过程中，总是对下属嘘寒问暖，下属有困难，他总是慷慨相助。有时，在工作中有疑难问题，小郭还会主动向下属请教。他这种谦恭的姿态受到下属的好评。

小郭不仅对待下属很谦逊，在上司面前也不展露锋芒。他总是诚恳地向上司汇报工作。工作中出现了问题，他也会虔诚地咨询上司的意见。他从来不和上司争功，还善于将成功的花环戴在上司头上。因此，他受到上司的青睐。

身处高位的小郭，正因为在职场上保持低调，善于团结上司和下属的关系，才能在职场上左右逢源。

风一吹便低伏的草，其实是饱经风霜、通过无数次考验的坚韧的草。做人何尝不是如此。身在高层，如果不懂得低调做人的道理，就会惹来许多麻烦。

【颠倒成功学】

　　那些做出些成绩便不可一世的人，往往认为自己很聪明。因为在他们心中只有自己才是真正的主角。其实不然，中国有句俗话叫做，站得越高，摔得越惨。越是地位高的人，越容易声败名裂。看似主角，一旦失败了连龙套都不配当。真正的智者是那些不出风头，不骄傲自满的人，他们将自己看得很低，实则他们的人生境界却很高，成功也就更喜欢青睐这些人。

有时付出与回报成反比

【当事者说】

　　秋燕是公司中的肯干分子。公司中事无巨细，她都去干：包括打扫卫生，收拾办公桌等等，还有其他一些琐碎的事情。在公司里，她俨然一头默默无闻的老黄牛，论勤恳与耐劳，别人都不能比。但是，按照她的想法，付出的多，一定会得到高的回报。可是，她的回报却和收获不成正比，她付出的很多，得到的却并不多。秋燕很纳闷，不是说一分耕耘，一分收获嘛！为什么她付出的比别人多得多，回报她的却少得可怜呢？

【颠倒评判】

　　秋燕认为，在工作中付出得多，回报的就一定多。所以，她平时做了很多事情，以求回报。没想到，回报并没有她想象得那么多。秋燕认为不公平，她总是想传统的观念"大量的付出，肯定会有很多的回报。"其实，我们看看秋燕的所作所为,她在公司中,工作之外的鸡毛蒜皮的事情她做的是很多,由于这些事情占用了她的时间,分了她的心,以至于厚此薄彼,分内的事情她自然就做得少了。然而,在公司上班,讲究的是绩效。如果工作没有突出的成绩,别的事情做得再多,也显示不出你的价值来。所以说,在工作中不要滥充好人,要将主要精力放在做主要的事情方面,这样才不容易避重就轻。

先前听过这样一个故事:

有一个人,离别家人,到遥远的地方去淘金。三年过去了,他的盘缠已用尽,他在山谷中不断地寻找,结果,他没有发现金子,却因为劳累过度,死在了这个淘金谷中,可谓死不闭眼。他的儿子将他的尸首扛回家,预备埋在他屋后的坡地上。他儿子为他挖墓穴时,仅挖了一半,就发现了金灿灿的金子。

从这个故事可以看出,淘金人的命运很悲惨,辛苦地淘金将命都搭上了。结果,他没有发现一粒金子。而他的儿子,没费吹灰之力,便得到了金矿。命运公平吗?可见,付出多不一定回报得多,有时候,命运确实会和人开玩笑的。我们要勇于付出,因为不付出是完全没有希望成功的,但是我们不能对追求的目标期望太高。

小杨曾经向同事诉苦:"从小师长就教育我,要想得到更多就必须比别人付出更多,所以只要为我想要的我都会十分努力,可是我现在却明白了,付出与回报不一定成正比,有时还会成反比。任何事情虽说都和努力分不开,可一切又好像是命中注定的。不管是在工作中还是生活上,我都曾做过努力,可结果还是给我无情的打击。为什么我付出的越多,得到的反而越少。现实和我的理想竟然反差这么大。这一切都只能怨我吗?"

小杨的遭遇恐怕很多人都会有,付出与回报往往和理想反差很大,这主要看你在哪些方面做了努力。具体到不同的工作，所做的努力也会不同。在工作过程中，需要多做主要的工作，无关紧要的工作少做一点儿也无妨。你即使做了很多无关紧要的工作，如果主要的工作从事的少，你同样得不到多的回报。相反，你将主要的精力投入到主要的工作中，将部分精力投入到无关紧要的工作中，工作既能出成绩，又不至于厚此薄彼。这就是人们常说的，多干不如巧干。

那么，如何做到付出少，回报多呢？可以参照以下几个方面：

（1）能工作不等于会干事

任何老板都希望自己的下属在工作上能够独当一面，干事勤快，同时还要忠诚、可靠。但事实上，能完全达到这些要求的人并不是很多。大多数人只是能工作，但是往往并不善于干事。这样一来，就造成付出得多，得到的反而少的现象。所以说，要想付出少，得到多，就要学会巧干事。

（2）关键是抓住上司的兴奋点

职场里有一句话："要理解领导意图"。其实就是要抓住上司的兴奋点。这个兴奋点是什么？在企业，是指生产和销售业绩。有的人工作没章法，累得半死，却受累不讨好，屡屡受上司的批评。原因在什么地方，就是因为他瞎忙，没有忙到点子上。在工作中，定要抓住关键环节，将关键的事情做好。同时，也要留意一下老板的工作风格和爱好，这对你处理好工作关系有很大的帮助。

（3）要学会借力打力

所谓的借力打力，并非工作中的投机取巧，而是和大家探讨科学的工作方法。通常来说，上司会比你眼界宽，在工作上你需要多领教；上司比你关系广，你要得到上司的帮助。有些方面，上司一个电话就办了，而你可能将双腿跑软也办不成。当然，这并非说你工作中不需要自主性与独立性，有时这些是很重要的，但必要的借力打力的确能够提高工作效率。

总之，做任何工作干得巧总要比干得多见效快。那种认为付出得多就一定得到的多的传统观念已经不住推敲了。

【颠倒成功学】

时代在不断地变化，有些人先前认为的那种"多付出就会有多回报"的观念已经逐渐经不住考验了。事实证明，如果你在一些无关紧要的工作中做努力，只能是付出越多，得到的越少。相反，如果你将事情做到点子上，做得既巧又妙，则往往是付出得不多，得到的却很多。请切住，无论干任何事情都不能傻干、苦干，一定要学会巧干。

"老好人"就是活到老也得不到好处的人

【当事者说】

张元光是一家公司的主管，他是有了名的"老好人"。在公司里，他既不惹上司生气，也不愿得罪下属。他分配给下属的工作任务，如果下属有困难，或者不能按期完成，他就会帮助他们，甚至会加班加点地为下属抢活儿。下属工作中出了问题，上司追究下来，他会说是自己的责任。面对上司的批评，他只能忍气吞声。如此这般，长期以往，员工们逐渐形成了不求上进、依赖性强的习惯。有一次，上司布置给张元光许多任务，而且有些任务他的下属都没有能力去做。他废寝忘食，加了许多天班，都没有将任务完成，以至于耽误了工作进度。上司责怪他工作能力、协调能力不强，有些下属还说他不自量力，根本不是做主管的材料。张元光十分生气,都是"做老好人"害苦了自己。

【颠倒评判】

　　"老好人"就是所谓的"好好先生"。生活中这样的人十分多,他们谁也不敢得罪,对上毕恭毕敬,对下则八面玲珑,平易近人,不辩曲直。一发生什么矛盾他们就会当和事老,不说过头话,也不偏向其中任何一方,只要大家能够心平气和,彼此间相安无事,自己就落下个清净自在。"好好先生"只讲好话,不讲坏话,不求有功,但求无过,对大小问题睁一只眼闭一只眼,能混过去就混,颇有"中庸"的境界。其实这样做并不能给他带来好人缘,时间长了大家都会讨厌这种没有原则的人。

　　古今中外,"好好先生"大有人在。冯梦龙在《古今潭概》中曾经记述过一位叫司马徽的"好好先生",说他向来不揭人短,与人语,善恶皆言好。有人问其安否,他说好。有人说自己的儿子死了,他也说好。他妻子便责怪他:"人家以为你有德行,才把自己儿子的死讯告诉你,你怎么反倒说好呢?"司马徽说:"为卿之言也大好。"司马徽的话使得妻子哭笑不得。

　　我们将像司马徽这样的人"尊称"为"好好先生"。时下,像司马徽这样的"好好先生"很多,他们大致是这么个样子:爱栽花,不栽刺,时刻注意为自己留后路,说违心话,办违心事,该批评的不批评,该提醒的不提醒,该揭露的不揭露;前怕狼后怕虎,事不关己,高高挂起。"好好先生"们认为,处世两面讨好,谁都不得罪谁,这是中庸的处世之道。实则不然,大凡一些好好先生往往是两面不讨好。

　　春秋时期,齐国大夫晏婴忽然辞掉手下为官三年、谨慎从事的高缭,他认为"高缭三年来看见我的过错从来不说,对我没有丝毫用处"。

这位高缭就是一位好好先生，他坚持中庸的处世之道，谁都不肯得罪，最终也没有好结果。所以说，要想"活到老得到好"就不能一味地做好好先生。

唐朝名相魏征就很反对"好好先生"的做法，他以敢于直言善谏著称。他为唐太宗李世民提了很多意见，甚至直接将他的不足指出，时常在朝堂上和天子为一些小事情争得不可开交，使得太宗很没面子，有几次气得他差点儿斩了魏征。但是李世民毕竟是一代名君，他在冷静思考后，认识到魏征的话中肯合理，便虚心接受了他的意见，做到知错就改，最终迎来贞观之治的繁荣景象。

魏征去世后，唐太宗很悲痛，他说："以铜为镜，可以正衣冠；以史为镜，可以知兴替；以人为镜，可以明得失。现在魏征走了，朕便失去了一面镜子。"这是唐太宗对不滥充"好好先生"的魏征的中肯评价。

做个讲原则的人，不唯唯诺诺，不惟命是从，实话实说。这样做往往会得罪人，但最终也会得到别人的尊重。

有一家工艺品加工公司的副经理，对员工向来严格，被员工们称为"冷面先生"。工作时，只要是他负责监督，员工们就会叫苦连天。其他副经理无疑是"好好先生"，他们监工，只要产品质量能过得去就行了。只有这位"冷面先生"，铁面无私，丝毫不留情面，栽在他身上的员工有很多，有的还被辞退。有些员工也曾在私下里要求副经理放他一马，但这些招数在他那里都没有起作用。他说："我现在帮你是害你。如果我放松对产品的验收，你会因此放弃进一步的努力，即使在这里工作十年以上，你的技术也不会得到提高，将来你会后悔的。我现在管理严一点，你将产品的工艺提高了，最终受益的是你自己。以后即使不在这家公司上班了，到别的地方同样能够找到好的工作。"受过他教育的员工从此再也不靠小聪明去应付工作了,而是脚踏实地地工作,都学到了精湛的技艺。

"好好先生"们凡事迁就别人,有求必应。他们情愿自己不方便,也不愿意麻烦别人;自己让步,也要让别人保住面子。好好先生有一个强烈要求,就是要讨好别人,他生怕别人不悦,也怕被人拒绝,他的自信心全靠别人的同意来支撑。他提出意见,倘若有人不同意,他会马上觉得自己的看法是错的。

"好好先生"产生的主要原因是,怕字当头,私心过重,患得患失,认为得罪一个人就好像多了一堵墙,讨好一个人就多了一条路。于是他们到处说"好"。"好好先生"多了,将会造成严重后果,所以说,我们坚决反对做"好好先生"。

【颠倒成功学】

虽然我们提倡做好人,但也不能不分原则、不辨是非地做"老好人"。老好人从某种意义上说,就是活到老也得不到好处的人。一味地做好好先生,任何人都不敢得罪,最终受伤害的还是自己。

你越妥协,就陷入越多的妥协

【当事者说】

小段念大学时,曾受过这样的教育:为人处世要学会妥协的艺术。他走向社会,仍然遵照这条原则去为人处世。然而与各种各样的人打交道后,他逐渐发现,有些时候对别人越妥协,越容易使自己陷入两难境地。因为在有些人面前的妥协,更容易滋生他们得寸进尺的心。当小段接连吃了妥协的亏后，他懊恼不已：难道先人提倡的妥协忍让在人际往来中是行不通的吗？

【颠倒评判】

　　传统的处世观念认为，在强者面前忍让妥协，是一种明哲保身的处世态度。不过，这种观念并非一成不变。在现实生活中，如果你面对的是无耻小人，在他们面前一味地妥协，必定会助长他们的嚣张气焰。经验告诉我们，对待这样的人，最好的办法就是他弱你就弱，他强你就强，不能对他们有丝毫的手软。

　　阮玲玉是上世纪二三十年代的影星，她生活在旧社会，面对社会制度，人性好恶，她处世单纯，在小人面前一再妥协，最终香消玉殒。

　　阮玲玉年少时，父亲去世，她和母亲给一张家大户当佣人。由于阮玲玉长得漂亮，张家的少爷张达民看上了她。

　　张达民只是个纨绔子弟，吃喝嫖赌，逍遥惯了，当他认识了阮玲玉后，他发誓一定要将阮玲玉弄到手。张达民颇有心机，他首先讨得了阮母的欢心，而后开始追求阮玲玉。他了解到阮玲玉喜爱电影和戏剧，便利用他哥哥所开电影公司之便，经常带她去看电影，并对她表现出一副关心体贴的样子。这种举动得到了阮玲玉的好感，阮玲玉将他当成值得信任、依靠的人了。

　　张达民在追求阮玲玉的同时，仍然在外面寻花问柳。阮玲玉知道后，想同张达民一刀两断，可张达民在风月场上混多了，对女性的内心很了解。他又是花言巧语，又是痛哭流涕，并发誓要痛改前非。阮玲玉被张达民的甜言蜜语诱惑，便原谅了张达民。

　　后来阮玲玉与张达民正式结婚。张家兄弟个个事业小有成就，惟独张达民游手好闲，坐吃山空。收敛了一段时间的张达民又开始在外面寻花问柳了。他经常不在家，而且赌博的嗜好越来越严重，家里原来积蓄的一些钱，已不够他还赌债了，他开始变卖家里的东西，而且对阮玲玉的态度也越来越恶劣了。阮玲玉内心很痛苦，但还是痛苦地接受这个现实。

阮玲玉进入电影界后，逐渐有了声誉和收入，张达民更是将她看做摇钱树，胃口越来越大，简直到了贪得无厌的地步。

张达民每天在梦想中发财，开始仿效大哥进行赛马赌博，可他却没有大哥运气好，不到3个月的时间就全输光了，并将所有家当输掉了，不仅这样，还欠了一身债。债主上门讨债，有的还雇了一些打手流氓来恐吓。阮玲玉看清了张达民的真实面目。由于她自己有正当职业，有能力养活自己和母亲，于是她一气之下，她带着母亲离开了江湾。临走时，她给张达民留了一张条子，要求和他脱离关系。

张达民在外面浪荡一阵后，又想起了阮玲玉，经过打听，他最终找到了阮玲玉的住址。他向阮玲玉和她母亲赔不是，说自己今后要戒掉赌瘾，找一份安定的工作。经过一番争执，张达民又和阮玲玉住在了一起。

这一次，阮玲玉没有摆脱张达民。张达民的恶习越来越重，赌输后回家偷取一位老太太的储蓄作赌本，被他母亲和几个兄长轰了出去。阮玲玉看到张达民就十分恶心，但她却不敢公开登报同他脱离关系。她认为倘若这样做，作为一个电影演员，她肯定会被新闻界曝光，而成为一桩丑闻的中心人物。阮玲玉无计可施，想到了一死了之。

一天夜晚，她同张达民吵了一架，吞服了大量安眠药，不自觉发出痛苦的呻吟，母亲发觉，马上把她送往医院，经过及时的抢救，她转危为安，第一次自杀没有成功，她的命运也没有因此而发生变化。

当阮玲玉到北平拍摄电影时，张达民便在上海尽情地吃喝嫖赌，将家中的财产全部用了个精光。当阮玲玉回家后，和母亲一起对他好言相劝，张达民却拿出先前做主子的样子先吵后骂，还动手打了阮玲玉一个耳光。阮玲玉与张达民感情破裂。

阮玲玉的性格软弱，为人处世一味妥协。这种人本质并不笨，但在那个三四十年代的上海，一个女子无亲无故，难免会吃亏上当。无赖张达民的身影逐渐淡化了，一位叫唐季珊的富商却又出现在她的面前。

唐季珊不但是一个茶商巨富，更是一个情场老手。与阮玲玉相识后，唐季珊不仅对阮玲玉百般温存，还仔细体察了解她感情上的需求，他反复表示，绝对不会像张达民那样对待她。对唐季珊这一套鬼话，阮玲玉竟然相信了，两人终于结合在一起。

婚后，唐季珊便露出了原形。此人生平嗜酒，每当酗酒后便欺负阮玲玉，阮玲玉不堪忍受。正当阮玲玉备受欺凌时，已和阮玲玉解除婚约的张达民，以做买卖为借口，派人来向阮玲玉借钱。借钱不成，又找了一个律师告阮、唐窃取财物侵占衣饰。

张达民之所以这样做，有两个原因：一是他认为阮玲玉很有钱；二是他抓住了阮玲玉软弱单纯、遇事妥协的一面。

20世纪30年代中期，有些黄色报刊的记者，惯用一些卑鄙手段威胁、陷害女演员，以此来达到他们个人的目的。有些黄色小报的记者为了敲竹杠，将攻击阮玲玉的文章寄给她看，声称要想不让他们发表，就得给钱。

阮玲玉开始妥协，可他们这伙人越来越多，胃口也越来越大，阮玲玉的"婚变"就成了他们津津乐道的"主题"，以大量恶毒语言来攻击阮玲玉。阮玲玉十分气愤、悲痛。这样一来，婚姻的不幸、社会的诽谤最终使这位才华横溢的明星走上了绝路。她用三瓶安眠药结束了自己年轻的生命。

阮玲玉以悲剧的方式结束了自己的生命，给人留下很多深思，造成阮玲玉悲剧的原因，有社会因素，但更主要的原因还是她天真单纯、办事妥协，以至于被小人欺骗利用。

读了阮玲玉的故事，我们可以明白这样一个道理，凡事都应该有度，妥协也是一样。要根据实际情况，决定妥协与否。倘若对一个千方百计要害你的人一味地妥协，那只能使你一步步走向万劫不复的深渊。

【颠倒成功学】

传统的处世观念告诉我们，有一种智慧叫妥协。常言讲得好："人在屋檐下，不得不低头。"当事情不利于自己发展时，该低头时还得低头。不过，有些情况你越低头，别人越会变本加厉，甚至要将你彻底打败。这时，你一味地妥协，只能助长对方的嚣张气焰，最终受伤害的只能是你自己。所以说，妥协要有度，不该妥协的时候一定不能妥协。

"欢迎多提宝贵意见"未必是真欢迎

【当事者说】

小冯毕业后到一家规模较大的私企工作。上班的第一天，老板就对他说，公司一向广开言路，希望所有的员工多对公司提出宝贵意见。小冯暗自庆幸，因为多提宝贵意见，有利于公司的进步和自身的发展。所以，小冯在工作中，每个月都会将给公司提出的意见，放入公司的意见箱中。小冯认为，这样做一定会赢得老板的支持和赞赏。没想到，小冯提出的许多宝贵意见，公司非但没有接受，有些主管还责怪小冯多事。小冯大为不悦，公司的理念不是广开言路吗？为什么又说提意见的人多事呢？

【颠倒评判】

在社会交际中，许多的人都会将一句"欢迎多提宝贵意见"挂在嘴边。表面看来，需要各种呼声。但是，闻善则喜、闻过则怒是一般人的天性。如果你提的意见是嘉奖，是好听的话，人们大多会欢迎；如果你提出的意见是别人的过错或不足，多数人听了会不悦。

相传，宋朝的苏东坡在江北瓜洲任职时，十分尊崇佛道，时常与隔江相望的金山寺住持佛印禅师交谈。

一日，苏东坡觉得悟禅忽有所得，便即兴挥笔写了一首诗，忙唤书童送予佛印禅师欣赏，并嘱托书童，等到禅师写了批语再回来。诗文如下：

稽首天中天，毫光照大千。

八风吹不动，端坐紫金莲。

禅师将诗看罢，半天没有说话。思考了一会儿，提笔在诗文旁边写了两个字，让书童带给苏东坡。

苏东坡怀着期待，认为禅师对自己修行参禅的境界一定会赞赏，急忙将诗卷打开，细看佛印的批语，只见上面只写两个字"放屁"。

起初还洋洋得意的苏东坡，顿时恼羞成怒，急忙去找佛印理论。见到佛印，苏轼怒气冲冲地说："禅师，我一直将你视为好友。我悟禅，你不赞成便罢，怎么能够骂人呢？"

禅师若无其事地说："我骂你啥呢？"

苏东坡赶忙将诗文上批的"放屁"两字拿给禅师看。

禅师见状大笑："嗨！你不是说自己'八风吹不动'吗？怎么我一屁就把你打过江了呢？"

苏东坡听后面红耳赤。

"八风吹不动"是潜心修行人的一种境界，靠的是用心去悟，而不是言语的理解与表达。在现实生活中，面对八风（称赞、讥笑、荣誉、利益、毁谤、衰老、痛苦、喜乐）能够稳如泰山的有几个？当意外的批评和责怪来临时，恐怕都会像苏东坡一样怒气冲冲。

一般来说，闻善则喜、闻过则怒是人的天性，在人际交往与职场中也是如此。如果你提出过多的批评意见，个人或者公司都会觉得你太多事。根据总体环境来说，意见箱只是一个摆设，真的有人去提批评意见了，领导会觉得你多事。

罗小莉是一家民营企业的经理助理。由于工作出色、责任心强，她很受老板青睐。所以，她在工作中也是顺风顺水。可是，最近的一次表现，却使老板心中不悦，降低了对她的印象分。事情的原委是这样的：前些日子，公司开发了一个新项目。老板在全公司召开了一次项目实施会，在会上老板交待了项目如何进展，罗小莉负责起草会议报告。

会后，老板回到办公室，兴致勃勃地计划起这个项目的前景。罗小莉见老板兴致很高，便对这个项目产生了兴趣，她向老板询问："经理，这个新项目对公司发展有利吗？"

老板回答："如果这个项目成功，就会给公司带来很大的财富。"

"那么，你能允许我提一下你这项计划的缺点与不足吗？"罗小莉接着问。

老板并没有说什么，略微低了一下头。

罗小莉没有注意老板的表情，便开始滔滔不绝地指责起老板对这个项目安排的不足来，详细说了一大堆。没想到当她提到项目怎样完善才合理时，老板忽然打断了她的话："小罗，今天先谈到这里，我还有很重要的事情要处理。"老板的脸上明显露出不悦的神色。

后来，在工作中，老板对罗小莉也是不冷不热。罗小莉感到闷闷不乐："我关心公司的发展，给公司提批评建议，为什么老板会不高兴呢？"

其实，罗小莉是受了"多提宝贵意见"这个观念的影响。试想，有些公司为了使自己的管理制度显得民主，往往会打出一些"欢迎宝贵意见"的幌子。表面看来，他们是喜欢大量的呼声，然而实际上他们是不喜欢太多批评意见的。

现在的公司都流行"沟通"，老板刻意营造出一个"百花齐放，百家争鸣"的局面，提倡宽松的办公氛围，鼓励大家言论自由，每次开会的时候也都让大家"畅所欲言"、"多提宝贵意见"、"有什么不满意的尽管说"，甚至允许下属们到更高级的领导那里告自己顶头上司的"黑状"，"越级申诉"。

其实，这根本就是职场上最大的陷阱，世界上绝对不存在"提倡告状、发牢骚"的老板。你要明白，对于公司的大老板来说，对他产生直接效益的是自己的直属下级，也就是你的上司。你越过自己的上司到大老板那里告状，在大老板看来就是在传递三个信号：这个员工太天真，不懂得职场权力金字塔底下的潜规则；这个员工太愚蠢，不懂得如何跟自己的上司沟通最有效；这个员工太危险，动不动就找大老板的麻烦，会不会某一天直接威胁到大老板的"统治地位"呢？

这三个信号对于你来说都是大大的不利，你的问题不会得到解决，反而会带来负面影响。既得罪了自己的上司，又让大老板对你有了戒备心理。

即便是大老板满足了你的要求，你得到了暂时性的胜利。但长远看，基本上你还是输了。以后你的上司还会重用你吗？你在他的手下还有出头的机会吗？你总不能一而再、再而三地找大老板告黑状吧？那等于你在跟大老板叫板：你手下的人不行。这样一来得罪的可不是你的上司，而是大老板。

《杜拉拉升职记》中的杜拉拉是很会申诉的。杜拉拉工作了六年，见过的越级行为多半以失败而告终。或许当时就那件事情本身来说，你能赢，但从长远来看，基本上你还是输了。外企 HR 制度中的越级申诉制度，杜拉拉总以为更多的是能够起到预防告诫的作用，让那些做头的人，做到慎独。一旦有人真正踏上那条申诉通道，只是用自己的前途来维护企业文化的形象。

申诉本身得到公正结论的成数十分高；被申诉的主管固然受到重创，而对申诉者来说，在未来，没有人愿意重用一个申诉过自己主管的人，这很可能是他将要面对的结局。

看过《杜拉拉升职记》的人应该知道关于越级申诉还有两个主人公，王蔷和玫瑰，两人都先后从 DB 走了，一个被开除了，一个跑了。所以，我们在职场中应该做到：多一事不如少一事，自己遇到问题一定要自己解决，多想一些方法，再向领导提意见，或者多提出几个方案，总有一个让领导同意的。切不能搞越级申诉，那样只会落得像王蔷一样的下场，不是自己的错，上司将帽子扣在自己的脑壳上，想摘下来都不容易，最后还弄个里外不是人。当然，倘若王蔷比玫瑰有本事有能力的话就另当别论了。有能力的人也不会像王蔷那么傻，直接给上级的上级发邮件。

永远记住，职场是个讲究利益、以利益为第一准绳的场所。种种看似"人性化"的制度，也是以利害关系为标准来衡量的。制度是明写的，暗中如何操作还是以制定制度的人的意愿为主。你去大老板那里告状，就算你有理有据，大老板也不会因为一个普通员工的利益受到损失而惩罚那个给他带来更大利益的管理人员，反而会觉得你是影响公司氛围的"反对派"，迟早会通过别的手段给你"穿小鞋"。

既然一般人的天性是闻善则喜、闻过则怒，所以你向别人提意见时就要慎重了。就是说，提意见也要讲方法。不讲究方法，随便提意见，不仅不会受欢迎，还会令人反感。

【颠倒成功学】

在社会上行走，尤其是在职场上，很多人都会对你说："欢迎多提宝贵意见。"有些人觉得，多提意见是好事。于是，他们便各抒己见，巴不得将心中的意见和盘托出。然而，时日长久，他们便会发现：他们提的那些意见不仅没有获得支持与赞赏，反而被认为多事。这时，他们才感到自己的所作所为是自找苦吃。因为人的本性都是闻善则喜、闻过则怒的。针对这种情况，提意见一定要讲究方法，尽量不触及他人的内心底线。

第七章 颠倒看知识——不想当裁缝的厨子不是好司机

读书、种地是传统中国人的两种生活轨迹，前者为脑力劳动者，即劳心者；后者为体力劳动者，即劳力者。劳力者受尽了苦，希望后代通过读书改变命运，跻身劳心者的行列，从而有了"万般皆下品，惟有读书高"的千年谬论。殊不知，这一观点毒害了一代又一代人。读书学什么？知识。知识用来做什么？指导行动。行动为什么？为了得到财富和地位。如果你读的书不能引领你走向财富和地位，那就是白读了。所以，读书不是硬道理，知识才是；死知识不是硬道理，活知识才是。用知识指导你的人生，才能改变自己的命运。

知识是进步的阶梯，但你必须有个落脚地

【当事者说】

晓刚是一个喜欢学习的人，他牢记高尔基的名言："书籍是人类进步的阶梯。"上大学的时候，他学的是工商管理专业，除专业课之外，他还广泛涉猎多种知识，诸如文史知识、经济学知识、法律知识等等，可谓没有他不学的知识。晓刚虽然读书很多，但是他"读书不求甚解"；虽然学的知识很多，但是每一种知识都不是很精通，包括他的专业课。大学毕业后，走向社会的晓刚开始择业，没想到竟在求职时几次败下阵来。因为每个单位都想录用对某个领域精通的人，晓刚对知识的掌握只是"半瓶水"，所以在求职时屡战屡败。他不由得懊恼起来，难道读书无用了吗？

【颠倒评判】

晓刚求职屡屡受挫，究其根本原因是他虽然学的知识很多，但是没有一个领域是他精通的。这也是受传统观念的影响。传统观念认为，知识是人类进步的阶梯，所以许多人都将广泛学习知识视为成功的桥梁。广泛学习知识固然是好现象，不过，学习知识还需要在精的基础上再求博，在专才的基础上再做通才。即使你学到很多的知识，如果没有一样最拿手的，也不能使自己得到发展。尤其在当今的职场上，每个领域都需要高精尖的人才，如果不具备这个素质，就业无疑是个难题。晓刚的失误，正是一味地追求广博的知识，而忽视了掌握精专知识的重要性。

在高速发展的信息时代，人们获取知识的方式越来越方便，倘若我

们不掌握一门精通的知识，盲目地追求过多的知识也不一定有好处。所以说，学习知识必须在精的基础上再求博。

一个人如果有一项知识或技能是精通的，就更有可能得到社会承认，更有可能获得很大的成功。然而，当今社会有许多人走入了误区，比如，一些大学生在校上学，忙着考各种证件，证书攒了一大堆，但是毕业后却不能找到一份合适的工作。原因是他们没有一门学问是精通的。一个人自夸有许多知识，但由于钻研不透，反而不如拥有一项专长的人受器重。

大发明家爱迪生是自学成才的，小时候有一段时间，他整天钻到小镇图书馆读书。有一位教授见他勤奋好学，就问他每天读些什么书，爱迪生自豪地说，什么书都读，我要将这个图书馆的书全部读完。教授听后，笑着对他说：很好，有志气，但是这种学习方法并不可取，学习必须有一个方向，这样才能读有所获、学有所成。比如，集中时间和精力读一个方面的书籍，就一个问题做研究。

爱迪生觉得这位教授说得对，就采取了术业有专攻的学习方法。这种方法为他的成功提供了很大的帮助，使他在科学领域做出了卓越的成就。

在知识大爆炸的今天，任何人都不可能成为全才，而只能成为掌握某一方面知识的专家。所以，在现实生活中，学习知识精而专，才有更大的发展前途。

读书应当博而精。学习如同吃饭，能够摄取必要的营养的人要比吃得更多的人健康。同样，真正的学者往往不是学习了许多的人，而是读了有用书的人，就如培根讲的："有些书可供一尝，有的书可以吞下，有不多的几部书则应该慢慢消化。"所以，学习知识要有针对性，不能盲目地去涉足多个领域，以至于厚此薄彼，不求专一。

当今社会是一个专业化的社会，你只有业有所精、学有所长，使自己在某一领域中有过人之处，才能获得成功的机会。否则，自认为是多才多艺，实则是样样不精。

许多年前，当电脑自动化的新技术还没有面世时，在工商管理方面负有盛名的哈巴德曾经这样说："一架机器能够取代50个普通人的工作，但是任何机器都无法取代专家的工作。"社会的发展证明了他这句话的准确。目前，许许多多的工作都被机器所取代，但是专门人才的地位还是稳如泰山。因为没有这些专家来操纵机器，机器就如同废物。

对于一个人的事业来说，最大的危机就是业不精专，没有一项自己的特长。法国文学家雨果说过："只要是学有专长，就不怕没有用武之地。"可见，你只要能够将自己锻炼成为某一领域中不可或缺的人物，你就会有所作为。

所以，如果你想获得很大的成功，就最好放弃"学得越多，机会越多"的想法，而接纳"钻得越深，机会越多"的想法。要让自己在某种知识上有专长，让自己出类拔萃。

【颠倒成功学】

先前我们接受的教育认为，知识学得越多越有利于自己的发展。多学知识当然不是坏事，但是在当今这个专业化的社会里，即使你学的知识再多，在一个专业领域内没有特长，也是不容易发展的。所以说，要想在当今社会很好地发展，学习知识就需要在精的基础上再求博，在专才的基础上再做善于创新的通才。如果你学的知识既不精又不专，那你在求职中碰壁是不可避免的。

阅人无数不如阅人有"术"

【当事者说】

　　小陈是刚走向社会的大学毕业生。她上学时，读了许许多多的书，也牢记了书中圣贤们的谆谆教诲。她认为自己在书本中学到很多的知识，明白许多的道理，走向社会一定会左右逢源，游刃有余。所以，她在社会中行走，完全照搬书本中的经验为人处世。天长日久，她逐渐发现，社会中的许多事物都没有书本中构想的美好，社会中有些事如果按照书本的观念去做，还会事倍功半。小陈很迷惑：书本中的道理在社会中怎么会不适用呢？

【颠倒评判】

　　在古代，尤其是重农抑商的时代，一个人只有两条路可走，一是耕，一是读。而很显然，耕是很难取得成功的。所以大多数人选择了读书。于是，"万般皆下品，惟有读书高"的观念开始影响一代代人。直至现在，有些刚毕业的大学生，还认为书本知识能够主导一切。就像上面那位小陈，一味地迷信书本知识能够解决一切问题。然而，社会这部大书中的学问是书本上学不到的。完全用书本知识作为社会行走指南，有时候就会吃亏。所以说，读万卷书不如行万里路，行万里路不如阅人无数。只有置身于社会中，与形形色色的人交往，处理各种各样的事，才能领悟社会这部大书的真谛。

　　读书能使我们增长知识和学习别人的经验，但是我们不能照搬书本，需要亲身到社会中去实践。到社会中行走你就会发现，许多知识是书本中学不到的。

香港富商李嘉诚小时候由于家庭贫困，没有接受良好的学校教育，就早早地步入社会。李嘉诚随父母来到香港，到香港不久，他的父亲就去世了。为了养活母亲和弟妹，李嘉诚不得不出去打工，挑起家庭的重担。

当时的香港，到处都是失业的人，李嘉诚想找一个能糊口的工作并非易事。每天，他都满大街找工作，每见一个店铺他都进去询问人家是否需要伙计。最终，一位茶楼老板看他可怜，答应收留他在茶馆里当跑堂。从此，还未成年的李嘉诚，便进入了纷纭复杂的社会。

李嘉诚到茶楼当伙计后，学到的第一个功夫就是和人打交道。他每天总是第一个到店铺，最后一个离开。有一次，因为困倦，李嘉诚干活提不起精神，有客人来喝茶，他不慎将一壶开水洒在了地上，溅湿了客人的衣裤。当时他很紧张，等待着客人的巴掌和老板的训斥，可是那位客人反而为他开脱，不准老板开除他。这件事给李嘉诚的影响十分大，以至于在他以后的人生岁月里，宽容成为他为人处世的准则之一。

茶楼是三教九流汇聚的地方，能够接触到各种各样的人和事。天长日久，李嘉诚便练出一种眼光，即一个人是干什么职业的，他的生活习惯、性格特征、为人处世等，一见面就能猜差不多，也明白了该如何与各种各样的人打交道。当初，他读书并不多，但是学会了如何与人打交道，这对他以后的事业发展起了很大的作用。

可以想象，如果李嘉诚仅知道书本知识，而不去社会这个融炉中锻造，他能够成功开拓一番事业吗？所以说，许多社会知识是书本中学不到的，只有通过社会实践，通过与人接触，才能真正领悟到它的真谛。

人们常说："读万卷书不如行万里路，行万里路不如阅人无数。"一个人要想取得成就，必须多读书，读好书。书是人类智慧的结晶，它能够启迪人，一本好书能改变一个人的想法从而改变一个人的命运。读了许多书，明白了许多理论、方法、技巧，如果不运用到社会中去，就对推动社会发展起不了什么大作用。为什么现在"读书无用论"的说法泛滥呢？就是因为很多的大学生走向社会不能有效地将书本知识和现实实践结合起来，不能产生效益这种现象造成的。古语强调"学以致用"，行万里路指的是行动、实践，只有多做，你才能够建立起自己的信心，才能真正掌握方法和技能。

　　每个人都不是孤立存在的，我们必须在社会中和人打交道。每个人都有自己的想法、阅历、知识、经验，这些都是智慧的表现。阅人无数就是要和各种各样的人交往，这样才能更清楚的了解人的本性，吸取每个人的优点，摈弃缺点，为自己所用，不断地丰富自己的社会经验和人生阅历，从而更加接近成功。

【颠倒成功学】

　　传统观念认为"万般皆下品，唯有读书高"。意为将书读好，万事可为。但是，一味地死读书、读死书，不结合实际，或者一味地将书本知识作为社会行走的指南，是不值得提倡的。因为社会在不断的变化，书中的理论与观念也要因人因时因地而宜。无论任何时代，都抱着一本书中的理念去走四方，那是白痴。到社会上行走，你就会发现"读万卷书不如走万里路，走万里路不如阅人无数"，很多的社会知识书本中是不会也不可能告诉你的。

知识改变不了命运

【当事者说】

刘霞出生在一个贫穷的家庭中，由于家庭条件所限，她只读到小学三年级就辍学了，开始帮家里干农活。刘霞成人后走向社会，她求职屡屡碰壁，很长时间都没有找到一份好工作。她看到一些家庭条件优越的、学历高的人取得了一番成就，不由地暗自慨叹自己的命运：还是有知识好，知识能够决定人的命运啊！她抱怨自己没有好的家庭环境，没有接受良好的教育，最终一事无成。

【颠倒评判】

传统观念认为，知识能够决定一个人的命运。刘霞正是受了这个观念的影响，从而认为知识能够决定一切，包括自己的命。其实，命并不是由知识来决定的，而是天注定的。生长在什么样的家庭，这是"命"；走什么样的道路、做出什么样的人生选择，就是"运"，有了知识，就能帮助人做出选择，从而"转运"。

古语曰："命由天定，运由己生。"这句话的意思是，自己把握的只是运，就是自己的路怎样去走，而与生俱来的天分和条件是不可变更的。

香港富商李嘉诚，出生在一个贫穷的家庭里，由于家庭条件不允许，他没有受过正规教育。贫穷的家境是它难以改变的，因为生活所迫，他很早便走上了自我谋生的道路。

尽管他工作很辛苦，但是他明白，倘若没有知识、没有学问，他将来就不会在社会上立足。于是，他白天做推销员，晚上到夜校学习。买不起教材，他就到废品收购站购买别人废弃的旧教材，用旧报纸练字，利用多种方法疯狂学习知识。

李嘉诚青年时基本没有受过正式教育，尤其是英语，连26个英文字母都没有学全，可是他明白在香港做生意，不将英语学好，永远都不会有出息。经过刻苦学习，他的英语水平甚至比普通的大学生还高。20世纪50年代他做塑胶花生意时，订阅了许多种世界最新的塑胶杂志，便于掌握最新形势。在一份外国杂志上，他看到一部制造塑胶樽的机器，但是从外国订制十分昂贵，于是李嘉诚凭借自学的英文研制了这部机器，这成为他早年很得意的事情。他还靠着自己当时不流利的英文，和外国人做生意，打开了国际市场。短短几年时间内，他就成为享誉东南亚的"塑胶大王"了。

后来，他不断地挑战自我，永不放弃学习，在每个时代，都能成为引领风潮的杰出人物。20世纪60年代，地产低潮，李嘉诚大举入市，从塑胶大王成为地产大王。70年代，他的公司上市，成为资本市场纵横捭阖的王者。在新经济时代，他又一举进入电信和网络行业。1999年，他以140亿美元的价格将英国Orange电信公司卖掉，然后大举进入欧洲的3G业务。他旗下的Tom公司，以网络为核心，整合传媒产业，建立庞大的商业传媒帝国。他以70岁的高龄，仍然坚持学习，当别人向他请教如何决策时，他说："你自己应该知识面广，同时一定要虚心，多听专家的意见。自己作为一家公司的最后决策者，一定要对行业有相当深的了解，不然的话，你的判断力一定会出错。"从一个街头推销员到今天举足轻重的商业领袖，正是热爱学习的精神促使李嘉诚走向了成功。

有一次，当记者问到他怎样掌控和管理巨大的集团，又如何推动这个王国长久前进时,他的回答是:依靠知识。

李嘉诚已经是年逾古稀的老人,至今每晚睡觉前都要看书。当问他前一天晚上看的是什么书时,他会说,我昨天晚上看的是关于资讯科技前景研究的书,我相信这个行业发展会很快,未来两三年里,电影、电视都能够在小小的手提电话中显示出来。我很喜欢科技、历史和哲学方面的图书。

李嘉诚虽然命不济时,但是他并没有认命。而是刻苦自学知识,做出一番成就,从而改变自己的运。于是,他一边工作,一边学习,努力给自己充电。可见,李嘉诚成就的取得,无不得益于知识的力量。由于他毕生都在追求知识,知识成为改变他运气的筹码。

有关知识改变"运"的事例很多:比如,中国著名的数学家陈景润,他原本家境贫困,在一家杂货店当学徒,但是他并不向命运屈服,而是奋发进取,利用晚上自学数学,后来在清华旁听,最终因著名的哥德巴赫猜想使自己的命运得到了转变,甚至让世界震惊;还有美国的海伦·凯勒,一岁半时便双目失明、双耳失聪,但她与命运抗争并不屈服,在家庭老师的指导下,学习盲文、拼写单词,表达自己,还学会了说话。她在20岁时,考进哈佛大学女子学院。如果她不努力学习,而是自暴自弃,相信她只能是一个让人可怜的残疾人,但是她用毅力缔造了"知识改变运气"的神话。

与这些命不济时,最终通过学习知识改变运的人相比较,还有一些"有命无运"之人,他们本来有着良好的天赋和家庭条件,但是他们却坐享其成,不求上进,没有学习理念,将更多的时间用在吃喝玩乐上,以至于一生碌碌无为。比如王安石笔下的方仲永,他出生在一个富裕的家庭,很小的时候便会做诗。但是小有名气后,父亲将他视为一个赚钱的工具,他就再也不去学习了。过了几年，他终于成为一个才华平平的人了。可见，空有好命，如果放弃了学习，也终究是有命无运。

命由天定，半点不由人。命是与生俱来的，当然难以改更。不过，运还是能够改变的，改变运的一个有利因素就是知识。因此，你要大量地学习知识，让知识给你的人生创造更多的成功条件，从而使自己获得成功。

【颠倒成功学】

常言讲得好：三分天注定，七分靠打拼。命是天注定的，包括你的天赋和自身条件，这不是任何东西能够决定的，包括知识。但是"运"却能够通过知识来改变。掌握了知识，就能使你在人生的道路上做出正确的选择，从而改变你的"运"。

尽信书的人只能成为打工仔

【当事者说】

张云酷爱读书，他视书本知识为真理。由于高考落榜，张云走上了人工种植大棚蔬菜这条道路。为了使自己的种植有产量，张云买了一大堆大棚种植技术方面的书。他对书中介绍的方法与技巧，可谓完全照搬，不做丝毫变通。常言讲得好：人非圣贤，孰能无过。书是人编的，当然错误也是不可避免的。张云买的一本书中，曾写到种植西红柿每亩地施化肥15斤。张云便按照书中的介绍去做。没想到，张云将肥施进地里，过了几天，他的西红柿秧多一半死掉了。后来，张云才知道，是书中的错误，将每亩地施化肥5斤，印成了15斤。张云后悔莫及，原来书本也害人呀！

【颠倒评判】

　　生活中有些人，和张云的认识相同：他们认为书本就是真理，于是他们一味地相信书本，成为不折不扣的书呆子，甚至在社会活动中使自己处处受挫。正确的做法是，秉着怀疑的态度去读书，多问几个为什么，这样才不容易使自己上"书本"的当。

　　一味地迷信书本，最终上了书本当的事情可谓不少。秦腔传统戏《三滴血》中的故事就阐明了这个道理。知县晋信书相信书上讲的全是真理。不管春夏秋冬，都可以滴血认亲，血合者为一家人，血不合者不是一家人。由于他盲目相信书本知识，胡乱断案，致使好好的家庭离散，流落他乡。他自己也被摘掉了乌纱帽……晋信书完全是一个本本主义的受害者。

　　孟子云："尽信书，则不如无书。"孟子的话，旨在教育我们不能迷信书本，对于书中所说，不但不要轻信，还要多问几个为什么，进行一番仔细的鉴别和思考。

　　戴震是清代的大学者，据说他10岁时，老师教他读《大学章句》，读到一处，他问老师，怎么知道这是孔子所说而曾子转述的？又怎么知道这是曾子的意思而被其门人记录下来的呢？老师说，前辈大师朱熹在注释中就是如此讲得。戴震又问，朱熹是什么时候的人啊？老师说，南宋时的人。戴震再问，孔子、曾子是什么时候的人呢？老师说，东周时的人。戴震接着问，东周距南宋有多久了？老师说，差不多两千年了吧。戴震于是说，那么，朱熹是如何知道的呢？老师无言回答。

　　读了戴震的故事，你可能会嘲笑戴震是个"打破沙锅问到底"的人。然而，正是这种怀疑的精神使得他成为大学者，取得了大成就。这一点毋庸置疑。

"尽信书，则不如无书"，意思是说，与其完全相信书上写的，还不如没有书。在读书的时候，要学会独立思考，不能完全照搬书本。书中内容有好坏正误，所以我们在读书时，就要练就一双慧眼，善于鉴别书中的真伪。

有这样一个故事：

草原上，一位动物学家和一头犀牛相遇。动物学家慌了神，因为犀牛一闻到可疑气味，就会朝气味处奔来，横冲直闯。但见犀牛在不停摇头，他紧张的神经松弛下来，并慢慢地向犀牛走去。牛背上的犀牛鸟提醒："快走吧，我主人的脾气不好，你最好在主人没有发怒前赶紧逃吧。"动物学家镇定地说："放心吧，不会有什么危险的，根据《犀牛习性》所载，犀牛摇头无非两种可能。第一，它没有敌意，不会主动攻击对方。第二，它见到了异性，因为发情而摇头。它不会对人感兴趣。"

犀牛鸟刚要张口，他竖起食指阻挠说："再不要多言，正好让我和犀牛来一次近距离的亲密接触吧。"话音未落，犀牛忽然猛地冲来，这位动物学家被顶飞了好几米远，摔了个仰面朝天。

动物学家浑身是血，在地上躺着，痛苦地说："怎么会如此？书上明明说……"

犀牛鸟无奈地说："来不及对你说，主人刚才并不是真正的摇头，而是驱赶钻入耳朵的苍蝇。"

这个故事告诉我们一个深刻的道理：不管是读书学习，还是为人处世，不能被固有的知识禁锢头脑，一味地照本宣科，或是不假考虑，只知道跟着书本走，有时候会吃亏的。

孔子曰："学而不思则罔，思而不学则殆。"这句话明确阐明了学习与思考的关系，同时也告诉人们不能读死书，不能一味照搬他人的经验。学习与实践相结合，才能活学活用。

读书要善于置疑。置疑不是目的，也不是盲目地怀疑一切，而是一个去伪存真的过程。书中每个作者的见识阅历与好恶不同，再加上受时代的局限，看待问题难免偏颇，这就需要我们细心思考，用正确的思维和方法，去判断其是精华还是糟粕，是真实还是虚假，是正确还是错误。

古人云："学贵知疑，小疑则小进，大疑则大进，不疑则不悟。"对书本中提供的信息，倘若丝毫不考虑，全盘接收，就会丧失自己的思想和判断力，比不读更有害。只有善于思考，敢于置疑，才能将书本上的知识为我所用，才能用他人的知识丰富自己的人生。

要读书，关键还要会读书。会读书，通俗一些就是不能读死书、死读书。书读死了会上书的当，成为书呆子，书上写的需要和现实结合起来，这样才会真正转化成我们的需求。所以，读书时一定要明确其中蕴含的道理。

书上写的往往是过去了的东西和经验，但我们的生活是现实的、变化的，完全按照书本的知识来指导我们的思想和行动，那是一种教条，会适得其反。所以，我们要有一点怀疑精神，要对书本知识辨伪去妄，用正确的思想指导自己的思路。

【颠倒成功学】

一味地相信书本知识，就会使你成为一个不折不扣的书呆子。在社会上行走，书呆子的思路会处处碰壁。所以，书本知识不可全信，在读书的过程中要多问几个为什么，以辨真去伪的精神对待书本知识。这样做你才不容易吃亏上当，才能够使自己不断进步。

三分方案，七分执行

【当事者说】

有一个公司的董事长坐在办公室里，向一位访客解释他伟大的策略方案为何失败，可是他竟然找不出错在什么地方。他说："我觉得很沮丧。一年前，我亲自由各部门挑选人员组成工作团队。我们到外地开过两次会，执行了标竿学习，也做了矩阵管理，还聘请资深人士当顾问。每个人都赞同这项计划。这的确是个好计划，而且市场情况也很好。我们的团队在业界首屈一指，可是现在已经到了年底，我们还没有达成目标。他们没有交出应有的成果，真是令我失望，而我个人也丧失了董事会的信任。我不知道该怎么做，也不知道未来的情况会坏到什么地步。说实在的，我想董事会可能会要我走人。"几星期后，董事会真的请他走人了。

【颠倒评判】

有些人认为，好的策划方案胜于一切。有了好的策划方案，就能够很好地完成项目。但是，事实证明，即使有好的行动计划，如果没有很好的执行力，计划也会全盘落空。这就是所谓的宁可"三流计划一流执行"，也不能"一流计划三流执行"。

阿里巴巴创始人马云曾经说："我宁愿要三流的创意和一流的执行，也不要三流的执行一流的创意。"执行不力往往是行动失败的最大原因。

联想公司在1999年进行ERP改造时，业务部门不积极执行，使流程设计的优化根本难以深入。长此下去，联想必定瘫痪。最后柳传志只得施以铁腕手段来提高企业的执行力。他在一次企业高层会议上说:"(ERP)必须做好,做不成,我会受很大影响,但我会把李勤(当时的联想集团副总裁)给干掉!"李勤当即站起来:"做不好,我下台,不过下台前我先要把杨元庆(时任联想微机事业部总经理)和郭为(时任联想科技发展公司总经理)干掉!"结果,员工从此提高了执行力,使企业迅速渡过了难关。

IBM的战略和具体经营策略天下一流,但在20世纪90年代初期,它却因执行不力而被其他公司抢去了巨大的业务,失去了行业巨头的地位。IBM信用公司在为顾客提供融资服务时有着十分繁琐的程序。首先,现场销售人员获得一名有购买意向的客户,然后电告总部办公室人员,办公室人员将要求记录在一张表格上;第二步,这张表格被送到楼上的信用部,信用部有专人将其输入电脑,并审核客户信用度,把审核结果填入表格,然后将表格交给下一环节——经营部;第三步,经营部接到此表格后,又有专人负责根据客户的申请,对标准的贷款合同作必要的修改填写;第四步,此融资申请单被送到核价员处,他将有关数据输入电脑,计算出对该客户贷款的适当利率,然后连同其他材料一起,转到下一步——办事组;第五步,办事组中一位行政人员将所有这些标准装入一个特定的信封内,并委托快递公司送到销售人员手中。

这一流程原本只需要4个小时的时间就能完成,但是在IBM却需要最短7天才能完成,结果使很多顾客都离IBM而去。这种疲软乏力的执行力,使得IBM在犹豫不决的拖延中江河日下,最终失去了用户,丢掉了巨额的经济收益。

可见,如果执行不力,计划再好,谋略再出众,也不可能取得成功。因为一切将会变成空想,不能实现。所以,执行者是很重要的,必须要有冲锋陷阵的能力，必须要有很强执行力的行动者来将企业的意图切实地体现在行动上。

时至今日，无论是企业还是个人，竞争对手之间要分出高下，关键往往在于执行力。如果对手在执行上远胜于你，你就会立刻受到冲击，市场可不会给你一段观察期，看看你精心设计的策略会不会奏效，所以，无法贯彻执行的人是不可能取得成功的。欠缺执行力是阻挡自己成功的最大障碍。

康柏公司前CEO费佛也有过一项功败垂成的策略。他眼光过人，率先看出Wintel架构——将窗口(Windows)操作系统与英特尔(Intel)持续创新的能力相结合——具有大小通吃的潜力，服务范围小至掌上计算机，大到功能可媲美大型计算机的服务器联结网络。费佛因此仿效IBM，将业务扩大到能够满足企业客户在计算机方面的所有需要。他不仅买下大型高速计算机制造商天腾，也买下迪吉多，以求在服务业部门占有一席之地。费佛以很快的速度推展他大胆的策略观点，使得康柏在六年间改头换面，由日渐式微的高价商用个人计算机制造商，转型为第二大计算机公司(仅次于IBM)。在1998年时，康柏大有成为业界盟主之势。然而今天看来，这项策略只不过像一场春梦。因为康柏公司的执行能力不够，结果没能整合各项购并案，也就没有达成预定的目标，最后导致康柏公司失败，在2002年被迫卖给了惠普公司。

费佛的设想无疑是天才般的策划，但是他却因为执行力的不足而遭到失败。不仅使他个人事业遭到了失败，甚至连康柏公司也遭到了灭顶之灾。所以说如果你有良好的策划能力，能够想出天才般的方案是幸运的，但是如果你的执行不力则是万幸中的不幸，因为再好的方案不去执行，也不会给自己带来成功的可能。

【颠倒成功学】

　　生活中有些人，当他做出一个理想的策划方案时，往往会沾沾自喜，认为对成功已经稳操胜券了。然而，在方案落实过程中，却因为执行力不够，从而使计划破产。所以说，执行力远远胜过策划能力，即使有一流的策划方案，倘若不去执行或执行力度不够，计划也会破产。

活到老学到老，还得用到老

【当事者说】

　　张强喜欢学习，许多方面的书他都读，诸如物理学、生物学、文学……可谓无不喜欢。他虽然明白读书的重要性，但是他却不懂得学以致用。他虽然对物理学理论很精通，但是生活中电路出现了问题，他却不会处理；他说自己酷爱文学，但是最简单的记叙文都写不好……张强虽然学习的知识多，但是在关键时刻派不上用场，不能让知识为他自己服务。很多人嘲笑他只会纸上谈兵，张强内心有说不出的苦楚。

【颠倒评判】

　　传统观念告诉我们，人一定要"活到老学到老"。这个观念很好。不过，如果一生只知道学习知识，而不知道灵活运用知识，那么所学的知识便会失去价值。所以说，活到老学到老，还要用到老，才是理想的学习状态。

　　有人在北京潘家园旧书摊曾遇到过一位六十多岁的山西老人。他一生酷爱读书，可以说天文地理，无不知晓。四书五经、唐诗宋词中的名句，他张嘴就能背诵；四大名著中的章回目录，他都能一字不落地背诵下来。你可能会说，这位老人一定是很有成就的人了。其实，他的一生很潦倒。花甲之年的他，还在异地奔波，靠捡废品勉强度日。人们怜悯这位老人的同时，也明白了造成他晚景凄凉的一方面原因：虽然他爱学习，喜欢读书，可是没有运用书中的知识为自己的前程铺路，而是只将读书视为一种精神追求。这位老人就和"受害者"张强一样，没有做到学以致用。

　　齐国有一个名叫田仲的人，才华过人，自命清高，因不喜欢与达官贵人为伍而隐居，他认为自己这样做是很智慧的举措。宋国有个叫屈谷的人到田仲那里看他，对他说："我是一个庄稼人，没有其他能耐，只会干农活，特别是种葫芦很有一套。现在，我有一个大葫芦，它不但坚硬得如同石头一样，而且皮很厚，以致葫芦里边没有空隙。这是我特意留下来的一只大葫芦，我想将它送给你。"

　　田仲听后，对屈谷说："葫芦嫩时能吃，老了不能吃时，它最大的用途就是放东西。现在你这个葫芦虽然十分大，然而它不但皮厚，没有空隙，而且坚硬得不能剖开，像这种葫芦既不能装物，又不能盛酒，我要它有何用呢？"

　　屈谷说："先生说得很对，我马上将它扔掉。不过先生是否考虑过这样一个问题，您虽然是不依靠别人而活着，但是您在此隐居，空有满脑子的学问和一身本领，却不去运用您的知识给国家做贡献，这些知识不是没有用途吗？您同我刚才说的那个葫芦不是一样吗？"

　　这个故事告诉我们，学习的目的就是学以致用，如果一个人不能用知识为自己、为社会创造财富，就算他有高洁的名声，所学的知识也只能是"废品"。

在中国历史上，康熙皇帝很注重学以致用。康熙帝5岁时开始读书，8岁开始读《大学》、《中庸》。他在少年时因读书发奋而致病。33岁时，在南巡的船上，他仍然苦读不辍。到了晚年，他的阅读热情更是有增无减。正如他在《庭训格言》中所说："朕自幼好看书，今虽年高，万几之暇犹手不释卷。诚以天下事繁，日有万几，为君者一身处九重之内，所知岂能尽乎。时常看书，知古人事，庶可以寡过。"

康熙帝读书的兴趣很广泛，除经、史、子、集四部以外，天文、地理、历法、军事、音乐、美术等，无不涉猎。他一生临摹的法帖，多达一万多张；为庙宇题匾，多达一千多件。他还十分注重学习自然科学，他向法国传教士学习欧几里得的《初等几何》和阿基米德的《应用几何学》，还学习来自西方国家的天文、地理、生理解剖等方面的最新知识。

康熙帝"活到老，学到老，用到老"，抽出许多时间来读书，而且知识面很广。他在位61年，是我国历史上一位功业卓著的政治家。他在统一祖国、发展生产、加强民族团结与抗击外来入侵中做出了很大贡献。这些功绩的取得，与其从青年少时代起直到老年，一生的勤奋好学是分不开的。抱着从中求取治国之道的读书目的，再如此努力，哪能没有很大收获呢？

学习应该伴人终身。一个人成就有大小，水平有高低，决定这一切的因素十分多，但最根本的是学习。学习能够使人理智地投入生活、感受生活，并能成为驾驭生活的强者。知识的营养促进思维活跃健康地发展，优秀的精神洗却人不应该有的陈腐。知识所生发的能力不断地促进你成才。从这个意义上来说，知识无疑是人生前进的明灯。

"活到老，学到老，还要用到老。"学以致用，一直是学习的根本，但是有许多人却忘记了这一法则，在不断学习时，忘记了将学到的知识与技能运用到实际中。

在实际工作和生活当中，我们往往会遇到许多问题，倘若带着这些问题去学习，不但学习有动力，而且目标明确，其学习的效果一定十分显著。带着问题学习，学习之后再做实践，并在实践中总结提升。这样便形成以学促干，边干边学，边学边总结，总结之后再去干，这样才是我们真正的学习目的。因此，知识不在于多，而在于用。

【颠倒成功学】

人们常说"活到老，学到老"，一个人有终身学习的观念固然很好，但是你不能忽视"学以致用"的重要性。当今时代，不仅要活到老，学到老，还要将所学的知识用到老，也就是做到"学以致用"。如果空有满腹经纶，却不运用到现实生活中去，关键时刻知识不能帮你的忙，那你的知识岂不白学了？

第八章 颠倒看健康——脑袋跟身体总是很拧巴

有句话说，好身体是革命的本钱。这话经不住推敲。正确的说法是，健康的身体可以带来革命的本钱，却不是唯一的本钱。你健康，可以革命；你不健康，也可以革命。但是，如果为了保持健康就放慢革命步伐，你就落在别人后面了。所以，还是豁出去，拼了吧。杨澜说了，只有焦虑的人才能生存。只有玩命工作的人，才能享受最后的成功。如果你舍不得玩命，那最后只能被命给玩了。

身体不是革命的本钱

【当事者说】

在青年人张彪的心目中，任何事情都没有身体重要，"身体是革命的本钱"嘛！他认为没有好的身体，即使有优秀的才华，也是空中楼阁。于是，他刻意追求身体健康，而不去努力奋斗。上高中的时候，同学们都致力于学习文化课，利用空闲时间去锻炼身体。然而，张彪从事体育锻炼的时间远远比学习文化课的时间多，以至于厚此薄彼。由于张彪读高中时学习成绩不理想，高考落榜是自然的事。走向社会，张彪找了一份工作。在工作中，张彪从来都是拈轻怕重，害怕吃苦。在公司里，默默无闻地工作了三年，没有丝毫的成绩。最终，被公司炒掉了。张彪很痛苦，他也搞不懂自己被辞退的真正原因。

【颠倒评判】

"身体是革命的本钱"是我们先前接受的教育，意思是打拼的同时要注意身体。不过要想成就一番事业，一味地注意身体而不去实干、奋斗是不行的。其实，所有的成功都离不开吃苦耐劳——包括对健康、体力的透支，从而为自己完成成功的积累。因此说，好身体固然是革命的本钱，但要想成功，这句话就得改一改——好身体可以换来革命的本钱。

上述故事中的张彪就是由于受传统观念的影响，一味地注重身体健康，从而忽略了吃苦耐劳。在工作中拈轻怕重，以至于错过了发展事业的良机。

在人生的旅途中，大凡事业成功的人都是吃苦耐劳的人。他们用健康和体力作赌注，最终换来了事业的功成名就。先能够吃"苦"，然后才能享受到"甜"的味道。所以，吃苦耐劳是事业成功的一种资本。

香港华人首富李嘉诚的大名世人都知道，他是怎样走向成功的呢？李嘉诚有句名言："男子汉第一是能吃苦，第二是会吃苦。"这是他成功的第一要诀。李嘉诚曾经回忆道："在最初的20年，我每星期要工作7天，每天至少工作16小时，晚上还要自修，加上工厂人手不足，自己要身兼发货、接单等工作，经常睡眠不足，早上必须用两个闹钟，才能惊醒起床，可以说这是每天最艰难的时刻。"创业之初，一切都十分简陋，厂房是几间破旧的房子，人手缺，李嘉诚就自己动手，采购、设计、施工、推销等，他都亲力亲为。为了及时得到更多的信息，接触更多的人物，李嘉诚努力学习，为了学习英语，每天工作后，都要坚持晚上自修、进修。由于不断学习和吸收新知识、新信息，他开拓了视野，能在瞬息万变的经济世界里审时度势，不断开拓出新局面。李嘉诚凭着这种"吃苦"的精神艰苦拼搏，20世纪60年代初期，他就已经是身价很高的富翁了。

李嘉诚成功的经历告诉我们，大凡成功者都是能吃苦、肯吃苦的人，不能吃苦的人很难成就一番事业。

现实生活中，那些能吃苦耐劳的人，很少有不成功的，这是因为他们吃惯了苦，不再将吃苦当苦，便能泰然处之，遇到挫折能够积极进取；怕吃苦，不但难以养成积极进取的精神，反而会对困难挫折采取逃避的态度，这样的人当然就难以成功了。

一位侨居海外的华裔富翁，小时候家境贫穷，在一次放学回家的路上，他忍不住问母亲："别的小朋友都有汽车接送，为什么我们总是走回家？"妈妈无可奈何地说："我们家穷！""为什么我们家穷呢？"妈妈告诉他："孩子，你祖父的父亲，本来是个穷书生，十多年的寒窗苦读，最终考取了状元，官达二品，富甲一方。谁知你祖父却认为身体健康最重要，片面追求身体健康，他害怕吃苦，不思进取，一生中不曾努力干什么，因此家道败落。你父亲又承袭了你祖父的传统，又是不思进取，一味地追求保养身体，就这样一事无成。"

"孩子，家族的振兴就靠你了，干事情想到了，看准了就得行动起来，不能只考虑身体，而不积极行动，努力干了自己才会成功。"他牢牢记住了母亲的话，开始了艰苦的创业之旅，在创业道路上，他并没有考虑身体因素而裹足不前，而是既保护自己的身体，又不断地开拓进取，终于取得了一番成就。

人们都说，"穷不过三代"。可以想象，如果这位富翁当初也像他祖父和父亲一样，只考虑身体，不思进取，他还能取得那样的成就吗？

有一位智商一流的大学才子决定下海做生意。有朋友建议他做小本买卖，但是他认为：做小本买卖多累心累神呀，如果将身体搞垮，会得不偿失的。又有朋友建议他到私立学校讲课，他很感兴趣，但快到上课时，他又犹豫了："讲一堂课，费那么大力气才给30块钱，没有什么意思。还不如休息呢，保养好身体比什么都重要。"

他很有天赋，却一直懒得发展自己，因此，两三年时间过去，他还一直没有下过海，仍旧庸碌无为。

《菜根谭》中说："人生太闲，则别念窃生。"意思是说，一个人成天游手好闲，嬉笑玩乐，一切杂念就会在暗中出现。所以，安逸的生活容易使人滋生懒惰情绪。一味地注重身体健康，怕吃苦，而不去努力，不去行动，往往会适得其反。大凡成功人士，他们既懂得调理自己的身体，又能够努力拼搏，这样的人往往会有大成就。

我的同事小张是一个既注重身体，又努力工作的人。他将工作与休息的关系协调得很好。每天早晨起床，他都去锻炼身体，这是他每天必做的功课。适当的体育锻炼后，他便每天骑自行车去上班，虽然乘坐公交车很方便，但是每天骑车更能够很好地锻炼身体，所以骑车成为他的首选。来到公司，坐在办公桌前，他就会努力认真地工作，做工作他从来都不偷懒，每个环节都做得很到位。工作久了，难免腰酸背疼，他便会起来活动一下筋骨，使全身血液循环畅通。小张从来不像有些人一样，为了保护身体就不去努力工作，每天游手好闲。小张认为他的每一天都过得很充实，很有意义。他既不影响锻炼身体，又不影响工作，而且身体很好，工作成绩也很突出。

大凡有成就的人，往往会平衡身体与事业的关系。他们不会因保养身体而放弃工作。相反，他们既懂得保护自己的身体，又会努力工作，做到身体、工作两不耽误。所以，他们往往拥有强健的体魄，会做出突出的成绩。

【颠倒成功学】

经常听人们说："好身体是革命的本钱。"这个观念强调人们在努力拼搏时，不能不注意身体。身体固然重要，但是如果片面地注重身体，而抛弃吃苦耐劳的精神，不去努力奋斗，事业也不能成功。所以说，既要注意身体，又要吃苦耐劳，才能成就一番事业。

你必须焦虑，但是不能恐惧

【当事者说】

　　小殷是一家外企公司的高级白领，在激烈的社会竞争面前，他每天都在紧张而忙碌着：每天上班起早贪黑，还经常加班加点。因为他意识到想在这个竞争激烈的社会中生存相当艰难。他每天都要应对办公室政治、职场竞争，由于工作压力日益加大，优胜劣汰的生存规则使得小殷开始恐惧起来，他每天上班都是提心吊胆，生怕哪一天被公司炒掉，甚至一提及工作的事，他都会紧张不堪，每天夜晚连连做梦、经常失眠，这使他的身体素质急速下降。小殷始终搞不明白，为什么这个时代竞争残酷到令人畏惧的地步呢？

【颠倒评判】

　　在竞争日益激烈的社会中生存，很多像小殷一样的白领们恐惧感也日益加深，因为在优胜劣汰的生存法则下，这些人活得实在不轻松。时日长久，恐惧感经常在他们身边围绕，他们的心理压力和身体状况慢慢地出现问题了。可见，对竞争充满恐惧实在不可取。面对竞争，你不能恐惧，但是可以焦虑，你只有焦虑了，才会不断进取，才会应对每一次竞争。倘若没有焦虑之心，那么迟早就会被社会淘汰。

　　杨澜是受人瞩目的女性，她传奇般的经历伴随她走向成功的金字塔。有人问过成功后的杨澜："成功后，你有过焦虑和不安吗？"杨澜回答："我觉得焦虑和不安永远都在，我好像不是一个能够很轻松、很随意就能将事情干好的人，从来不是。我做学生时也是需要十分用功才能将书读好，我现在反而相信笨的力量。有时一个人笨点，就知道下了功夫，下了足够的功夫，你就有一些别人不能轻易拿走的东西。焦虑与压力我每天都有，我不觉得这是一个不正常的现象。只有焦虑之人才能活下来，这是人的生物本能。我到机场就买几本自我帮助的书，如何面对压力？你有压力第一你要承认，第二你要学会让别人分担，你有焦虑可以说出来，比如我就会和我的丈夫说我这一段时间如何，你得帮助我想这件事情对不对，公司的战略合理吗，我觉得这是一个缓解。如果焦虑处在一个比较健康与可管理的层面，它是一个前进的动力。"

从杨澜的这段话中，我们发现在竞争激烈的社会中，焦虑能够使人认识到自己的不足，从而跟上时代的形势。焦虑可以使人居安思危，不至于被社会淘汰。

2003年的一天，一家报社的记者在美国采访了姚明。看到姚明时，他正懒洋洋地半躺半坐在火箭队休息室的躺椅上。记者问的第一个问题是："你觉得自己现在的状态如何？"姚明慨叹道："唉，可将我累惨了！"接着姚明开始细数自己的"飞行记录"："在国内飞来飞去就不提了，到这里时差还没倒好，波特兰、西雅图、小石城，真是将我累坏了。"他边拍自己的大腿松弛肌肉边笑着说："你看我这累的，估计这辈子也恢复不过来了。但这就是NBA，你必须去适应它，而不是它适应你。"

说话间，有位黑人球员从记者和姚明的面前走过。姚明说这位球员叫艾里克斯，先前是江苏南钢队的外援，当年他想在姚明头顶上扣篮呢。姚明对记者说，艾里克斯现在在火箭队试训，想得到一份合同。"现在共有11名球员在这里试训，可火箭队只能提供4份合同，竞争太激烈啊！"姚明感叹道。记者说："你不怕，有合同在身！"姚明却并不赞成记者的说法，他说："我现在是有合同，可以后呢？是的，我是'状元秀'，但这已是去年的事情了。在NBA，如果你没有硬功夫，管你是谁，都得下岗。在这里，谁也没有铁饭碗。"

NBA就是这样一个优胜劣汰的残酷世界。姚明明白这样一个事实，因此他才有焦虑之心，可以说姚明的这种焦虑会使他取得更大的成功。

先前，一个人只要学会一技之长就能够终生享用，现在就不可以了。现在的竞争越来越激烈，如果没有焦虑之心，没有学习的信心，你就会迅速被社会所淘汰。因为今天还在应用的某项技术，明天可能就会过时。知识、技术更新换代不断加速，要使自己能跟上时代步伐，就要不断地进取。

在当今时代，面对激烈的竞争，你需要焦虑。对竞争有忧患之心，可以使你从容应对。但是在激烈的竞争面前，你绝对不能恐惧。过多的恐惧只能给你的心理增加负担，使你无法在竞争中从容胜出。

【颠倒成功学】

当今时代，各行各业竞争十分激烈，致使很多人在竞争面前畏首畏尾，担心被淘汰出局。其实，恐惧是大可不必的，恐惧过度只能伤害你的身心健康。但是，焦虑之心则不能没有。只有心存焦虑，才能居安思危，妥善应对人生旅途中的挑战与挫折。面对竞争，一味地恐惧，那只能是愚蠢人的做法。

把烦人的压力变成积极的动力

【当事者说】

全球最大的电子产品专业制造商富士康公司,在半年内曾接连发生几起员工跳楼事件。很多在富士康上班的人都这样来形容自己的状态:"上班的心情比上坟还要沉重,压力好大呀!"于是,在压力的胁迫下,许多人有了轻生的念头。

【颠倒评判】

不仅在富士康,在其他的企业也是如此,有调查显示,将近两成的职场人明确地认为自己"过劳",具体比例为16.4%,而另外,42.6%的人认为自己"比较过劳",两者相加,即将近六成职场人认为自己已经超越了正常的工作状态,处于一种高压力、高强度的工作状态中。所以,有些人会埋怨工作压力大,社会压力大,甚至有了轻生念头,看来都是压力惹的祸。从另一种角度考虑,在市场经济形势下,参与社会竞争,有些压力是不可避免的。倘若你一味埋怨社会给你的压力大,正说明你没有很好的抗压能力。

许多成功人士在奋斗时也曾经遭受过极大的压力,但是他们都能够成功扛住了压力,结果取得了成功。史玉柱在巨人大厦倒塌之后,几近破产,负债2亿多元,天天有人上门讨债,压力可谓不小,但是史玉柱却顶住了压力,东山再起,不仅将债务偿还了,而且还再次创业成功。

还有一些人,曾在遇到压力时难以忍受,几近自杀,但是最终却坚持了下来，结果取得了成功。清朝末年，太平天国运动火速发展，几乎占据了大半个中国，曾国藩临危受命，率领手下的团练湘军镇压起义。刚开始，曾国藩因为是文人从武，对军事并不精通，再加上对太平天国也不太了解，兵力也十分弱，而太平军正是士气高涨时期。因此，曾国藩屡战屡败，并且多次欲投江自杀，都被救起。后来，他明白自杀不能解决问题，并且也不是一个人在面对事情时应有的态度。于是他便在太平军的攻击下一退再退，在不断的败退中总结出一套专门用于对付太平军的战略战术，用兵更加稳慎，战前深谋远虑，谋定后动，"结硬寨，打呆战"，"宁迟勿速，不用奇谋"，屡败屡战，不再轻意言败，最后终于攻下南京城，镇压了太平天国运动。

曾国藩正是从一个害怕压力的人变成了一个能够抗压的人。他的抗压精神，对我们有很大启发。在竞争激烈的社会中，人生中的挫折、不幸常会如夏天的暴雨般不期而至。面对压力，你是否已经有了排压能力？无论如何，你都要明白抗压能力的重要意义。成功永远属于那些能够抗压的人。

在美国，有一个人在21岁时去做生意，结果遭到了失败。22岁的时候，他决定从政，于是去角逐州议员，结果以落选告终。24岁时，他又回去做生意，结果再度失政。26岁时，他唯一一直支持他的妻子去世。到27岁时，他一度精神崩溃，不知生活该怎样继续下去。到34岁时，他重新从政，参加联邦众议员的竞选，结果又落选了。36岁时，他继续角逐联邦众议员，再度落选。45岁时，依然角逐联邦参议员，第三次落选。到47岁时，他提名副总统落选。49岁时，又重新角逐联邦参议员，还是落选。直到52岁时，他才当选美国第16任总统。他就是美国历史上最伟大的总统之一——林肯。

从林肯的这个传记来看，他的一生是由一连串失败组成的。但正因为他在面对每一次压力时仍然充满激情和斗志，从不为压力所打败，最终当选为美国总统。可见，林肯之所以取得了巨大的成功就是因为他有抵抗压力的信念。

有一个国王被仇人追杀，落荒而逃，万般无奈躲在了一间破屋子中，他在那里独自坐了一段时间，顿感万念俱灰，没有生存的力量和勇气。

在绝望的关头，他忽然发现一只蚂蚁正背着一颗比它身体大几倍的麦粒，奋勇往墙上拖，但是却不断摔下来。那个国王就默默地数它掉下来的次数，一次又一次，蚂蚁不断地努力，在第70次的时候，它最终爬上了墙头。国王在旁边看到这一现象，精神振奋，小小的蚂蚁都有坚持到底的决心，更何况人呢？于是，他排除了压力，凭借坚韧的毅力，最终恢复了往日的荣耀。

读了这则故事，你也许会有所感悟，但是更重要的是应对压力，需要你坚毅的性格。以下有几条应对压力的原则，值得你去注意：

（1）做好充分的心理准备

困难很出人意料，所以你要时刻锻炼你的毅力，绝对不能"三天打鱼，两天晒网"。要对磨炼你的苦处做好准备，不能因为想象不到而惊诧。

（2）坚决将首次压力顶住

走向成功伊始，也是失败率最高的时期。顶不住第一次压力就会一事无成，将第一次压力顶住，你就会对压力产生一种抵抗力，面对今后的压力，就会镇定、从容许多。

（3）度过漫长的艰苦岁月

有些时候，困难是长期的、复杂的、巨大的，你要坚持，坚持走一步，你就会离成功近些。你要输得起，败得起。挫折与错误教训了你，你就会聪明起来，你的事情会好办起来，你的头脑也会因为你吃的苦而更加智慧。

（4）不能躲避压力

有压力的日子不会很舒服，但是你想一下，整天在温室中生活的花草能够经得起风雨的洗礼吗？不能躲避压力，而要将它放在心中，好好琢磨。甚至有时候，你需要主动去创造压力，因为安逸会消磨人的斗志。你不能总为自己想好退路，因为这样会为你的逃避提供借口。逼迫自己承受压力，你的意志才会坚强起来。

【颠倒成功学】

面对社会上的种种压力，有许多人会去减压。这在一般人看来，并没有错误。可是，大凡去减压的人，都是一些无力应对压力的人。在压力面前的屈服，足以毁掉一个人的斗志。在压力面前积极奋进，才是热血男儿的作为。学几手抗压的能力吧，让那些所谓的压力与挫折都跪倒在你面前。

累就停止做事，你将很难做成这件事

【当事者说】

刘羽在公司主要从事资料搜集工作，他工作刻苦，做事用心，每天下班后还要忙两三个小时。有一天，刘羽在一本养生书上看到一个观点"过度劳累不利于健康"。看了这本书后，刘羽心想，自己每天劳累工作，一旦将身体搞坏该如何是好呀？于是，他不再努力工作了，而是今天的事情推到明天做，明天的事情又推到后天做，总是推来推去。这样拖延下去，几个月下来，刘羽竟然没有完成公司规定的任务。于是，刘羽的工作能力受到老板的质疑。老板生气之余，便将他辞掉了。刘羽心想，人家不是说劳逸结合才能干好工作吗，我将工作缓着做，为什么会落得这样"惨"呢？

【颠倒评判】

　　有些人认为，在竞争激烈的社会中，一味地劳累工作，会将自己的身体搞垮。于是，他们放慢了工作节拍，学会了拖延，认为劳逸结合才是合理的。其实，不管劳累与否，拖延都不是一个好习惯。一味地拖延，只能影响你的办事效率，使自己的能力不能很好地发挥。所以说，工作中再苦再累，也不要养成拖延的毛病。

　　一天清晨，小张在上班途中便下定决心，一到办公室即草拟下一年度的部门预算。他准时于8点半走到办公室。但是他并没立刻开始预算草拟工作，因为他忽然想到不如先将办公桌及办公室整理一下，给工作提供一个良好的环境。他一共花掉半个小时，使办公室环境变得很整洁。他虽然没有按原定计划9点开始工作，但他并不感到后悔，因为30分钟的清理工作不仅已经获得好的成就，还有利于它以后工作效率的提高。他得意地随手点了一支香烟，略微休息。这时候，他无意中在一份杂志上看到一篇有意义的文章，于是情不自禁地拿起杂志来翻看。等到他将杂志放回书架，时间又过了20分钟。这时他感到了不自在，因为他已经自食其言。于是，他准备工作，可是刚拿出笔纸要工作，忽然听到对面屋子有唱歌声，原来对面屋子的小刘在唱歌，于是他又跑到对面，听小刘唱歌。过了一会儿，他一看表已经快12点了，整个上午就要过去了，开始干工作吧。可是，他刚要工作，忽然觉得身体很累了。干脆休息一下吧，于是他又趴在办公桌上睡了一觉。一个上午过去了，小张竟然没有写一个字。

小张的身上有很多人的影子，养成这种拖延的习惯的人终将一事无成。

在现实生活中，经常有这样的事发生。在单位，领导安排的工作，给了足够的完成时间，但有些人总认为离要求的时间还早，索性玩几天再去做吧，于是迟迟不动手。这样一天天拖延下去，造成工作的堆积。最终，不是顾不过来，就是事多忘记了。等到领导催时，才手忙脚乱，在这种状态下完成的工作质量可想而知。这就是拖延带来的后果，如果你在领导安排任务后就立刻行动，不但不容易手忙脚乱，而且由于时间充裕，工作质量也会提高。

马上行动是一种习惯，是一种做事态度，也是成功者共有的特质。

一位农民在田地当中，多年以来横卧着一块大石头。这块石头碰断了农民的好多把犁头，还弄坏了他的农耕机。农民对此没有办法，巨石成了他种田时挥不掉的麻烦。

有一天，在又一把犁头被打坏后，农民想起巨石给他带来的麻烦，他终于下定决心将巨石弄走。于是，他找来撬棍伸进巨石底下，却吃惊地发现，石头埋在地里并没有多深，略微一使劲就能将石头撬起来，再用大锤打碎，清出地里。农民脑海中闪过多年被巨石困扰的情景，再想到能够更早些把这桩头疼事处理掉，一味地拖延使自己为难了许多年，禁不住一脸的苦笑。

遇到问题应该马上将根源弄清，有问题更需要马上处理，决不能拖延，就如同故事中的农民一样。很多事情并没有你想象得那样困难，只要敢于行动，你就能够在行动中找出解决问题的办法。

许多人都有拖延的习惯，遇到事情不是早做准备而是临时抱佛脚，不到最后的时刻决不动手去做。可是拖延需要付出很大代价的。

首先，拖延会使人陷入烦躁情绪。一件事办不完，在心里压着，这如何能不使人焦虑呢？其次，拖延会使等待处理的问题积多。再者，拖延会使人一度地遭受心理挫折。因为事情总不能及时办成，就会对自己失去信心，开始怀疑自己的能力。还有，拖延还会使你前景黯淡，无缘晋升。

拖延是一种不良习惯，要想摆脱这种习惯，就要随时提醒自己："凡事拒绝拖延，现在就开始行动。"倘若有一件事情早晚需要由你去做，就不要反复地问自己："我要做它吗？"因为这个问题的答案已经确定，你要做的只是：将你决定要完成的期限写在记事本上，然后准时去做，倘若因为惧怕劳累，等到最后去做，不仅会让自己感到焦虑，还会犯一些不应该犯的错误。

【颠倒成功学】

许多人认为工作干累了，应该缓一缓再做。可是你想过没有，这种迟缓很容易使人养成拖拉的习惯。一旦有这种习惯，做起事来就会今天推明天，明天推后天……这样无休止地拖下去，最终一件事情都办不成。拖延是存在于每个人的潜意识中的，不能让它成为习惯。拖拉是把今天的担子，放在明天的肩上，直至不堪重负，变成一个负不起责任的人。所以说，再苦再累的事也不能拖延，应该马上行动。

安逸使人落后，逆境教人成长

【当事者说】

　　冯晖是个很会享受生活的人，他认为只有吃好、睡好、休息好，才能将工作干好。于是，每天他用在吃喝与休息方面的时间远远比工作时间多。但是，在竞争激烈的职场上，他的工作效率显然不能提高，每个月都不能完成公司安排的任务。再看那些每天都在加班加点干工作的同事，他们每个月除了拿到基本工资外，还能拿到不少的奖金。可以说，其他员工的休息时间并不比冯晖多，但是同样能够干好工作，还比冯晖效率高。在公司的奖优名单上，总有这些人的名字。冯晖纳闷了，不是休息好才能工作好吗？为什么他们干工作连轴转，几乎不怎么休息，效率反而比我高呢？

【颠倒评判】

　　有不少人认为"吃好睡好休息好"才能干好工作，这样的认识未免有失偏颇。现实生活中，有许多人加班加点的干工作，过着俭朴的生活，工作仍旧很出色。这充分说明，不能一味地追求安逸舒适的生活。

　　文学巨匠鲁迅先生说过："工作容易被安逸的生活所累。"物质的追求和安逸的生活会分散人们在工作、劳动、学习上的精力，还会养成人们拖延懒散的习惯。

　　有些人认为安逸的生活正是人活着的最好状态。在最好的状态中开展学习、开拓事业，岂不是事半功倍？其实不然。

古代，有一个穷书生，酷爱读书，总是想办法到处借书，借来便会去细读，终有一天飞黄腾达，自己拥有数量不菲的私人藏书。然而，当这位书生求取功名后，便不再读书了。他每天沉浸在吃喝玩乐、休息状态中，他先前的藏书也被束之高阁。

上面这则故事告诉我们，一味地追求安逸的生活，认为吃喝休息重于一切，就不会去努力工作，事业就难有建树。

一味地追求安逸生活会消磨人的志气，使人滋生闲情与懒惰。史学家司马迁在《报任安书》中曾这样描述，忧患、磨砺与成就人生之间不可分割的关系，他写道："西伯拘，而演《周易》；仲尼厄，而作《春秋》；屈原放逐，乃赋《离骚》；左丘失明，厥有《国语》；孙子膑脚，《兵法》修列；不韦迁蜀，世传《吕览》。"由此可见忧患、磨砺作用的重要性。

我们讲"生活太安逸，工作就会被生活所累"，并非提倡苦难，人人都向往美好生活。但我们不提倡，因贪图安逸舒适，而不去努力工作，从而放弃对理想的追求，结果因贪一时安逸，而导致终身抱憾。

每一个人都会有一个适合自己的"舒适区"，在这个区域中，他会感到很舒服、很放松，一旦走出这个区域，他就会感到不舒服。

与紧张的工作相比，吃喝休息就是我们的"舒适区"。但是，如果你设定了新的目标，当你要去达到这个目标时，你就要离开原有的舒适区；不离开这个舒适区，你就不会达到新目标。一旦离开了舒适区，你当然就会感到不舒服，但如果离开了舒适区，又达到了新目标，你就会感到欣慰。

许多人之所以不愿意离开舒适区，是因为他们认为只有身心舒适才能将工作干好，不愿意再做任何努力。

英国科学家牛顿是一个典型的工作狂，他平时生活俭仆，工作起来则是废寝忘食。有一天，牛顿的保姆外出办事，让牛顿自己煮一个鸡蛋吃，鸡蛋就放在怀表旁边。牛顿正专心地看书，就将怀表当成鸡蛋放进锅里，牛顿就又专心看书学习了。保姆回来问牛顿："鸡蛋煮了吗？"牛顿回答："煮了。"可是，保姆一看，鸡蛋还放在原处，一掀锅盖，水里正煮着一块怀表。

从这个故事我们可以看出，牛顿这位举世闻名的科学家，他成就的取得，绝不是建立在安逸享乐的生活中，而是建立在废寝忘食的工作中。牛顿那种对工作一丝不苟、废寝忘食的精神，使得他走向科学的巅峰。

无独有偶，香港富商李嘉诚创业成功同样说明了没有安逸的生活，同样能够干好工作。李嘉诚创业伊始，可谓两手空空，仅率领两个衣衫褴褛的手下，在一条小溪边的几间破房子里，昏暗的灯光下，侍弄几台老掉牙的压塑机，夜以继日地运转他的工厂。这时的李嘉诚身兼数职，每天工作16个小时。清早出门联系业务，为了省钱，他不坐公共汽车，两只脚东奔西走，集采购、推销工作于一身。回厂后，一天的紧张工作才算开始，他既是埋头操作的工人，也是传授技术的师傅，还是一厂之长。他中午就在车间和工人们吃一样的粗茶淡饭。

夜晚，李嘉诚又会一头埋在书桌前搞设计，便于第二天不耽误工作进程。到了深更半夜，李嘉诚还会自修各门功课。可以看见，李嘉诚如果不投入辛勤的工作，只追求吃好穿好休息好，那么他可能就不会拥有今天的财富和地位。

每个人都向往舒适的生活与工作环境，却不知道这种舒适的环境往往会成为制约一个人发展的陷阱。舒适的环境能够慢慢地消磨人的斗志，直到出现重大的挑战时，你已经没有能力去把握了。其实，天才出自苦难，放弃安逸的生活，脚踏实地去工作，这样成功率会更高。

【颠倒成功学】

　　有些人认为，要想工作好，就得吃好穿好休息好。实际上，这种说法是经不住推敲的。试想，吃好穿好休息好和工作有什么必然的联系呢？许多成功人士创业伊始，都没有舒适的条件，然而他们也获得了成功；相反，那些一味追求享受的人，却屡战屡败，最终被竞争激烈的市场淘汰。那种还抱着要工作好就得享受好的人醒醒吧，工作容易被安逸的生活所累，抛弃安逸，去努力干工作吧！

现在不玩命，以后命玩你

【当事者说】

　　有个流浪者，身染重病。临终前，他将年仅15岁的儿子找来，叮嘱他："你要好好读书，拼命工作，不能像我少壮不努力，老来没成就。你要谨记在心，不能再走我的老路。我没读什么书，没什么大道理能够教你，但你要记住'少壮不努力，老来没成就'这句话。"说完，流浪者咽下最后的一口气，15岁的儿子却呆呆站立一旁。长大后，他儿子仍然不思劳作，过着得过且过的生活。没有一技之长，只好靠做一些杂工勉强维生。等到他年事渐长，才逐渐体会父亲临终前的交代，但是已经晚了，他的身体状况越来越差，心里有着说不尽的悲苦。

【颠倒评判】

　　受一些观念的影响，生活中有许多人认为保养身体是第一要务，所以干工作不刻苦、不努力，生怕劳累影响自己的身体。当然，保护好自己的身体是重要的，但是你不能只顾保养身体而不努力工作。

从前，佛陀住在舍卫城南郊的祇树给孤独园。有一天早晨，佛陀与尊者阿难一同进舍卫城乞食。在城里时，他们看见有一对年纪很大的夫妇，衣衫破落，鬓发花白，拄着拐杖流浪在城里的大街小巷，蹲在垃圾池旁，找寻食物。佛陀就向尊者阿难说道："那两位愚痴老迈的夫妇，如同两只鹳雀般弓背颤抖，但是当他们相互对望时，你看见了他们眼内的欲望贪婪了吗？""是的，我看见了，世尊！"尊者阿难回答。佛陀就对阿难说："这一对老夫妇，倘若他们在年少的时候，能够努力工作，现在可能已是舍卫城的首富了。但是你看他们一生都没去努力奋斗，以致错过了大好岁月。现在人已经老了，身体四肢开始退化，弄得既无钱财，又无谋生知识，什么都不明白，再也没有谋财的技能了，可谓虚度了一生。"

故事中的两位老夫妇，由于年轻时没有发奋工作，致使年老时晚景凄凉，不是正好可以说明"现在不玩命，以后命玩你"这个道理吗？

现在的年轻人都有些娇气，有些人多干一点工作就叫苦叫累，抱着混日子的态度，马马虎虎地做事。他们每天在混日子，以较少的劳动付出，获得了不少的工资与奖金，表面好像占了便宜，实际上他们却吃了大亏，因为他们在庸碌无为中错过了自己的青春年华。

有着好逸恶劳意识的人，大凡想少付出多获得，多享受少劳动，对娱乐休息的兴趣很浓，总感觉玩不够、休息不够，对工作很冷淡，每提及工作和学习，就会皱眉头。然而，伴随着年龄的增长，一个人肩膀上的担子越来越重，需要承担许多责任。这时，那些在青年时虚度年华的人，想在工作中做出成绩，以提高自己的生活水平。但是因为他们先前是在混日子，给人造成了不良印象，所以领导不敢对他们委以重任。所以，好逸恶劳的人不能贪图眼前的享乐，而使得终身后悔，应该转变观念，去努力工作，辛勤耕耘。

美国作家哈里，给自己订了一个行动目标：用2~3年的时间写一部长篇小说。为了实现这个目标，他马上行动起来。每天夜晚，别人都去休息了，他却钻进屋子里拼命创作。这样整写了8年，他最终首次在杂志上发表了自己的作品，得到了100美元的稿酬。然而，他并没有止步不前，而是从中看到自己的潜能。于是，他仍然坚持写作。然而稿费微薄，欠款也越来越多，有时，他甚至没有买面包的钱。尽管这样，他仍旧坚持写作。又经过多年的努力，他最终写出了一本书。为了这本书，他整整花费了十多年时间，忍受了多种困难。因为不停地书写，他的手指变了形，视力也下降了很多。

由于哈里付出了艰辛和努力，他最终获得了成功，小说《根》出版后引起了巨大的轰动，他也获得了不菲的收入。

成功永远属于敢于努力拼搏的人，那些贪图安逸的生活，害怕劳累会损害身体的人，将不会有大出息。

所以，人不能好逸恶劳，不能贪图眼前的享乐，不能为了身体而不去辛勤劳作，这样会造成后悔。应记住"少壮不努力，老大徒伤悲"的古训，抛弃好逸恶劳意识，努力去工作，去奋斗。

【颠倒成功学】

有些人认为"只有好身体，才能干事业。"这其实是给不努力工作找的借口罢了。如果一味地追求身体健康，不去努力奋斗，不趁年轻有为时取得一番成绩，到年老体衰时，空有一番抱负，那也是"水中月""镜中花"。所以，请记住"少壮不努力，老大徒伤悲"这句古训，趁年轻玩命"干"吧！

忙里偷闲才快乐，一直都闲难快乐

【当事者说】

有一位富翁对儿子从小都很溺爱，每天给他好吃好喝，从来没有让他干过一点儿活。这种养尊处优的家庭环境，使得富翁的儿子养成了游手好闲的习惯。他的儿子长大后，从来都不会主动去干一些事情，好像他的眼睛里就没有事。由于他学习成绩不好，他父亲花高价学费送他去读私立大学。大学毕业后，他仍旧游手好闲，不主动去找工作。而且略微困难的事情，他都不去做，每天都是一副悠闲的样子。不久，富翁死去了，所剩家产也寥寥无几。他的儿子要去自主谋生，他找了很多工作，却没有一份工作干得长远。试想，哪家单位愿意用一个游手好闲的人呢？当在谋生都成了问题的时候，富翁的儿子每天愁眉苦脸，后悔当初太游手好闲了。

【颠倒评判】

生活中，许多人都将舒适悠闲的生活作为一种追求，认为这样做是人生的快乐。所以，他们不求上进，每天悠闲自在地生活，养尊处优，没有丝毫的压力感。实际上，这样做连生活都难以保障，有何快乐而言？就像上面那位富翁的儿子，过惯了养尊处优的悠闲生活，一旦情形发生变化，生活便没了着落，便不知道该何去何从了。

实际上，为实现理想而"忙"着做一些有意义的事情，才能使人生更加充实。在这种情形下"偷闲"则是一种快乐。否则，如果一直都游手好闲、好逸恶劳，生活都难以保障，有何快乐可言？

有一位富翁到海边度假,他在海滩上漫步,碰见一个打渔人正躺在海滩上晒太阳。富翁对打渔人说:"你好。"

"你好!"打渔人懒洋洋地抬了一下眼皮。

"今天天气真不错!"

"是啊,天气不错。"

"没有下海打渔?"

"回来了,还有不小的收获呢。"

"天气这么好,收获又不错,为什么不多打一趟呢?"

"为什么要多打一趟?"

"那你将会有双倍的收入啊。"

"那又如何呢?"

富翁有点不悦,"倘若你每天多打一趟,你不就富有了?"

"富有了又会怎样?"

"你就能够买一艘大点的鱼船,打的鱼就会更多了。"

"那又怎么样?"

"你的钱就会更多,就能够组织一个渔队,每天给你打更多的鱼。"

"那又怎么样?"

"你甚至能够买一架飞机,每天坐着飞机指挥你的渔队打渔。"

"那又怎么样?"

富翁真生气了,"那样你就会成为一个富翁!"

"那又怎么样?"

"那样,你就可以悠闲地坐在海边,看看大海,吹吹海风,晒一下太阳,甚至睡一会儿,多么惬意啊!"

"先生,我现在正坐在海边,吹着海风,晒着太阳。对不起,我要休息一会儿。请不要打扰我。"

过了几年，渔翁仍旧为谋生而工作，而富翁已经是腰缠万贯了。

从这个故事中我们可以看出，懒人的哲学就是知足常乐。他们有一点儿成绩就会"三天打鱼，两天晒网"。他们认为过悠闲的生活就是一种快乐，没必要每天忙得不可开交。按照这种想法，只能是原地踏步，甚至坐吃山空。如果生活都没有保障了，那么快乐从何而来呢？

其实，忙中偷闲的人才能够享受到快乐的滋味。他们在身心都很疲惫的情况下，适当地休息一下，闻一闻花香，听一听鸟语，会有别样的风情在心头。

先前听过这样一个故事：

卡克是一个工作很出色的人，他每天都在努力工作，很少有闲暇。他也曾因为自己生活中没有快乐而苦恼，有一次他问上帝：为什么我每天不快乐呢？上帝交给卡克一个任务，让他牵一只蜗牛去散步。但是，蜗牛爬得太慢了。卡克又是催促又是恐吓，可是蜗牛只是用歉意的目光望着他，仿佛在对卡克说："我已经尽力了。"

卡克又急又气，对蜗牛又拖又拉，蜗牛受了伤，爬得越来越慢了。卡克真想丢掉蜗牛不管，但又担心没法向上帝交代。他只好耐着性子，让蜗牛缓缓爬，自己则以一种接近静止的慢速在后面跟着。就在这时，卡克忽然闻到了花香，原来这是一个花园。接着，他听到了各种鸟鸣，感到微风吹面的舒适。后来，卡克还看到了美丽的夕阳、灿烂的晚霞以及满天的星斗。

卡克这才体会到上帝的良苦用心："他不是让我牵蜗牛去散步，而是让我学会忙里偷闲，去享受生活呢。"

如果你每天都在努力地工作，忽略了美丽的花香，错过了天边的彩虹。那么，你就要学会忙里偷闲，去享受一下生活的美丽，感受一下世界的精彩。

忙里偷闲，能使自己保持清醒的头脑、平静的心境与充沛的精力，使工作更有成效，生活更加精彩，人生更加快乐。所以，感觉自己很忙很累的时候，不妨偷闲一下适时放松自己的心情，将现实中的烦恼抛开，暂时放下工作的压力，外出旅游几天。虽然会感到有些疲劳，但是如果心情愉快，工作和生活就自然会变得好起来。

悠闲的生活固然快乐。不过，如果你一味地追求悠闲，而放弃了努力工作，也是不会得到快乐的，因为这样做你的生活往往没有保障。只有忙里偷闲，才能享受到人生的快乐，才能感受到人生的价值和意义。

【颠倒成功学】

悠闲舒适的生活是一种理想的追求。所以，很多人都去追求一种安闲的生活，不去奔波忙碌。然而，在这个竞争激烈的时代，一味地悠闲如同慢性自杀。因为一旦停止进取，人就会落后，就会迅速被时代淘汰。所以，一味地悠闲并不可取，重要的是学会忙里偷闲。为实现自己的追求而忙着做一些有意义的事情，感到劳累时，适当地偷一下闲，才能感受到人生的快乐，才会发现自己的人生原来很充实。

第九章 颠倒看金钱——
视金钱如粪土,可是粪土就是命

君子趋义，小人趋利，孔老夫子作为始作俑者，给后人留下了错误的金钱观，以至于中国人在很长时间内都不好意思当面谈钱。可是，心里又是爱财的，怎么办呢？口蜜腹剑的事情就出来了，嘴上说着美言，暗地里做着黑心事，为了钱财做出很多不够磊落的事。现在我们要做的，就是颠倒过来审视那些陈旧的金钱观，建立一种正确的价值导向。钱不是牛鬼蛇神，它是购买东西的重要工具，没有钱什么事都做不成。所以，大胆说钱、大胆逐利，才是现代人正确的价值观。

钱不是衡量成功的唯一标准，却是重要标准

【当事者说】

小张是个自命清高的人，他向来信奉古人提倡的"安贫乐道"理念。他视金钱如粪土，觉得钱是身外之物，够花就行了。于是，他很鄙视那些腰缠万贯的有钱人。大学毕业后，小张走向社会，参加工作，才发现钱既难赚又很重要。他还发觉那些企业家都是时代的主流。这样一来，小张不觉感到纳闷：那些老板不就是有几个钱吗，为什么他们的地位这样高呢？

【颠倒评判】

传统观念认为"钱不是人生的一切"，以至于有的人"安贫乐道"，自己不去努力，还对追求金钱，甚至获得大量财富的人不屑一顾，还纷纷议论："你不就是有几个臭钱吗？有什么了不起的？"实际上，这无疑是一种吃不到葡萄，反说葡萄酸的心理。自己没有能力去赚钱，反而对追求财富的人不满。其实，金钱虽然不是万能，但是没有金钱却是万万不能的。很多时候，没有金钱作依托，你的人生理想便不能实现。获得金钱数量的多少，往往是衡量一个人是否成功的关键。

有这样一个故事：

某大学的一位学生让校门口一位温州姑娘补鞋。大学生半开玩笑，半认真地问："你不读书干这个，不怕被人家瞧不起吗？"姑娘反唇相讥："你穿双破鞋就被人瞧得起吗？"大学生又问："那你将来打算干什么？"

姑娘一本正经地回答："想经商赚钱，自己当老板。"大学生感到不可思议："你不选择读书将来能有出路吗？"姑娘对这位大学生说："你以为自己多读了几天书，将来就一定能够创造财富吗？"在姑娘心中，只有竭尽全力去创造财富，才能登上成功的顶峰。

现在我们没有财富并不可悲，可悲的是我们没有财富观念。要想获得财富，就要打破传统的观念，大胆地去追求金钱。

世界上最会经商的犹太人视金钱如生命，他们大胆地追求金钱，从来不遮遮掩掩，他们认为没有钱的人是可耻的，金钱是衡量一个人成功抑或失败的重要标准。于是，犹太人经商，首先是向钱看齐的。

犹太人哈同，他立志到中国来赚钱发财，但自己一无资本，二没有专业知识或技术，他决心从一个立足点开始。因为他长得身体魁梧，所以他很轻松地到一家洋行找到一份看门工作。这样的事大多数人是不喜欢干的，自己相貌出众，为何屈于当门卫？而哈同却不那么想，他认为看门赚来的钱是高尚的，没有丢脸和失身份的感觉。另外，他有更深层次的考虑，"千里之行，始于足下"，在这份工作上找到一个立足点，今后通过自己的努力奋斗，积蓄力量，最终要找到能赚更多钱的路子。

哈同做看门工时十分认真，忠于职守。夜晚，他利用一切能够利用的时间读各种经济和财务书籍，知识增长十分快。老板觉得这个人工作十分出色，脑子很聪明，将他调到业务部门当办事员。哈同工作业绩理想，逐渐被提升为行务员、大班等。这时候，他的收入大大增加了。哈同心怀壮志，并没有因此而满足。他认为自己的创业时机到了，1901年，他找理由离开打工岗位，自己开始独立经营商行。哈同自办的商行取名为"哈同洋行"，为了赚到更多的钱，以经营洋货买卖为主。他看到洋货在中国市场上相对来说竞争品很少，消费者难以"货比三家"，所以，他的经营获得了不菲的利润。几年时间，他便赚了很多钱。

哈同将能否赚钱视为成功与否的标准，他为追求财富，付出了很大的努力，最终获得了财富的青睐，成为成功的商人。

能否成功很大部分来源于对金钱的观念。在中国最先富起来的那批人中，许多都是走投无路、生活无靠的农村人、城市无业游民等，因为他们认为只有去赚钱，只有去创造财富，才能改变自己的命运。

丝宝集团的梁亮胜目前拥有15亿元的资产，但当年的他只不过是一个打工仔。1982年，梁亮胜和所在内地工厂的其他40名工人一道被派到香港工作。当时梁亮胜一家在香港的住宅面积还不到10平方米。那时，梁亮胜最大的梦想就是渴望赚钱，改变自己贫穷的命运。

梁亮胜在艰难的条件下，每天夜晚坚持去上学。在香港的三年时间内，他全面学习了航运、英语、国际贸易和经济管理等课程。有这些条件作支撑，梁亮胜便有了自主创业的想法。提起创业，其他的打工仔都嘲笑梁亮胜，说他不知天高地厚，竟然想起创业来了？安于现状，赚点钱够花多好啊，简直是穷折腾！然而，梁亮胜并没有被同伴的嘲笑"吓"住，他一改传统的观念，认为一个人获得财富的多少是衡量他是否成功的标准。于是，梁亮胜就依靠做国际贸易，向国内贩卖檀香木材淘到第一桶金，再后来，他就开办了丝宝集团。一起与梁亮胜到香港的40多人现在还是打工仔，因为他们满足现状，觉得在香港做工总比原来在国内做工强许多。因为他们没有像梁亮胜这样追求财富的积极观念，所以他们不管是二十年前，还是二十年后，都只能是打工仔。

当今社会，拥有金钱多少是衡量一个人是否成功的关键。那些"安贫乐道"的人，往往不会得到财富的青睐。虽然认为抵制金钱，人格就是"高尚"的。但是空有"高尚"的人格，两手却空空如也，甚至连饭都吃不上，难道"安贫乐道"的高尚人格能解决你的温饱问题吗？

【颠倒成功学】

　　我们不应该将创造财富简单地看做是一种生存行为，而应当看做是一种成功觉悟。如果没有成功觉悟的指引，我们将会在一种生存定势中闭着眼睛，像"驴拉磨"一样，勤劳地转来转去，却永远转不到明天。

　　穷人为什么不容易获得财富，因为他们向来对金钱有偏见，观念的僵化很大地制约了穷人突破自己、改变现状的能力。所以，穷怕了的人们，赶紧丢掉"安贫乐道"的外衣，去创造财富、追求成功吧！

金钱买不到快乐，但快乐生活需要金钱

【当事者说】

　　小江的工作做出了成绩，他向老板请求加薪。老板并没有同意他的要求，而是冠冕堂皇地对他说："小伙子，干工作主要是提升你自己的能力。你现在还年轻，要多学本事才行。不要一味地追求金钱。因为金钱是买不到快乐的。"听了老板的一番话，小江便放弃了加薪这件事。然而，自己工资不高，生活越来越艰难的事实，使他觉得老板的话好像不对头。虽然金钱买不到快乐，但是没有钱的日子哪里有快乐而言呢？

【颠倒评判】

　　一位富人用怜悯的口气对一位穷人说："我很同情你，因为你的痛苦与烦恼一定比我还多。"

"为什么？"穷人问道。

富人回答："因为我拥有许多钱，可我还是不快乐，每天在为赚更多的钱而苦恼呢！"

"你是说我会因为不能拥有许多金钱而苦恼吗？"穷人问。

"是。"富人说。

穷人开心地笑了笑，说："正好相反，听了你的话，我觉得我比你更富有，也更快乐！"

富人问："为什么？"

穷人说："因为我内心充实、快乐，这笔财富你能够买得到吗？"

富人问："你虽然内心快乐。打一个比方，如果你或者你的亲友得了重病，需要很大一笔钱去治病，你没有钱，还会快乐吗？"

穷人哑口无言。

富人的话很现实。是的，虽然金钱买不到快乐，但有钱人的不快乐总强过没钱人的不快乐。虽然很多有钱人心里空虚，不过他们不会为吃穿而发愁。而穷人连温饱问题都解决不了，成天饿着肚皮，即使快乐，也不过是"穷开心"罢了。

很久以前，有位贫穷的农夫一直为自己的生计而发愁，因为他虽然整天忙碌，可就是入不敷出。转眼间，一年又过去了，眼看就快过年的时候，农夫才发现几经债主催债后，自己几个月来的辛苦积蓄已经寥寥无几了。郁闷之余，农夫坐在门槛上独自琢磨，为何自己会这样穷呢？是什么导致了自己现在的困境呢？农夫想了良久，忽然眼前一亮，对，是金钱。那些富人们之所以能够过上舒适的生活，不就是因为他们有钱吗？只要有钱，人们就能够过上舒服的日子。而自己之所以这样烦闷，就是由于没有钱。

可是想到这里，另一个问题又将农夫困扰了，不对呀，自己每天操劳不止，到现今怎么连温饱都不能解决了呢？而那些有钱人，也没看到他们有多辛苦地劳作啊？

经过一番思考，农夫得出一个结论来，金钱是贫穷的根源，应该受到诅咒。后来，农夫在"恶魔"的折磨下变得疯疯癫癫，他们家的日子也是越过越艰难了。

农夫的日子过得越来越艰难，当然就没有快乐可言了。这与他对金钱的看法有关，他将金钱视为贫穷的根源，金钱当然不会青睐他了。

穷人的日子不好过：没钱供孩子上学，没钱去旅游，没有钱买私家车。没有钱买房子；没有好的人际关系等等……针对这些情况，富人们往往会安慰穷人说："钱有什么了不起的的呢？钱又不是万能的，它根本买不到快乐。"其实，富人们这样说话，纯粹是站着说话不腰痛，因为他们不会为吃穿发愁，当然他们也会有不快乐的时候，但是有钱人的不快乐总比穷人的不快乐强得多，至少他调整心态，就可以快乐起来。

【颠倒成功学】

一些富人为了打消穷人创造财富的积极性，往往会对他们说："别一味地追求金钱了，金钱是买不到快乐的。"这其实是一句猫哭老鼠的虚伪话。虽然有些快乐是金钱买不到的，但是没有钱是根本不会快乐的，穷人连吃穿问题都解决不了，快乐从何而来呢？所以，对绝大多数凡夫俗子来讲，要想生活快乐，还得去努力追求金钱。

别动不动就谈感情，太伤钱

【当事者说】

范兵和女友张丽相处三年了。恋爱过程中，两人可谓花前月下，卿卿我我。每次见面，范兵都要为张丽花几百块钱，请她吃饭，为她买好看的衣服、鞋子等。由于范兵已经年龄不小，该考虑婚事了，他便问张丽，两个人什么时候能够结婚？张丽向他提出一个条件，先准备30万块钱再说，如果没有这些钱，结婚的事情就不考虑。张丽的条件使范兵"晕"了半天，对于工薪阶层的他来说，辛辛苦苦上一个月班，才赚两三千块钱，要攒足30万得等到猴年马月呀？范兵感到纳闷：过去人们不是经常说"感情比金钱重要吗"？难道这世道变了？

【颠倒评判】

先前，人们经常说"别动不动就谈钱，伤感情"，意在强调感情比金钱更重要。现在则变了，恋人之间可以谈钱，夫妻之间可以谈钱，朋友之间也可以坦然地说钱……现在的说法应该是"别动不动就谈感情，太伤钱。"

范兵恋爱受挫，是因为他不明白，在爱情与婚姻方面，金钱与感情同样重要，因为感情需要金钱作依托。无论是恋爱，还是夫妻间过日子，都需要金钱来作后盾。如果没有钱，恋爱不能成功，夫妻间的日子也不会幸福。

先前的女孩还比较含蓄，说希望自己未来的丈夫温柔、潇洒、有才华，唯独不敢将希望他有钱说出来，仿佛那样自己就显得很庸俗。但是，现在的女孩就坦诚得多，都希望自己爱的男人有钱、有地位、有修养。然而，这种男人实在是稀缺资源。但是稀缺并不意味着一定不能得到，只意味着不付出代价就无法得到。稀缺是每个人都会面临的现实，对于男人也是一样，他们往往会慨叹，为何内外兼修的理想女人总会成为别人的妻子。这其实就是不懂爱情投资带来的结果。

要想收获爱情，最起码要做三种基本投资：时间、金钱、感情。这是很必要的。理性的人追求的是利益的最大化，所以他们在爱情上的大量投资也是为了获得最大的回报。不要认为这样说有些恶俗，其实这样是为了更容易找到适合自己的爱情。

不仅收获爱情需要谈钱，维系婚姻也离不开钱。对一个家庭来说，没有钱，家庭就不能顺利运转。想一下就明白了，家庭日常生活需要开支，抚育子女需要开销，子女上学也需要开销……如果缺乏钱，家庭就不能幸福。有许多夫妻吵架，都是因为资金紧张。甚至有的夫妻离异，也是因为钱的问题。

某地有一对年轻夫妇，膝下有两个小孩，生活贫困。丈夫没有太高的文化和技术，只能当装卸工，每个月只赚得800多块钱。然而，微薄的收入并不能承担起抚养家庭的重任。两个小孩上学，由于是借读，每年的高价学费就是一两万。家中还有两位老人需要赡养。如果家庭成员有个大病小灾，恐怕都没钱治。由于缺钱，夫妻两人经常吵得不可开交，最后还离了婚。

可见，没有钱，基本的家庭生活都不能正常运转。所以，在生活中，追求金钱并不是罪恶，而是一种正当的生存手段。

爱情需要金钱来维系，友情也要靠金钱来维持。在许多情况下，朋友间的你来我往都是"有酒有肉真朋友",最起码的酒和肉都需要花钱来买。再者,人们常说"朋友不共财,共财合不来",尤其是好朋友更不能将朋友关系凌驾在金钱之上。平时很要好的朋友,在一起合伙做生意,在利益方配上面吵吵闹闹,甚至大打出手的大有人在,朋友关系在金钱面前显得无能为力。

因此,和朋友相处要奉行"好朋友明算账"的原则。因为金钱纠葛太多,容易发生误会,甚至会出现金钱和朋友双双落空的局面。

小杜和好友小刘合伙开了一家服装店,创业伊始,两个人并没有讲清利润如何分配。当他们的经营小有规模,取得了一些利润时,两个人就利益分配产生了分歧。小杜说:"买卖开张的时候,我投入的资金多,所以我就应该拿大头。"小刘说:"生意做得好,主要是我做出的努力,我更应该拿大头。"两个人就利益分配问题纠缠不清,发生了争吵,闹得不欢而散。

可见,再好的朋友关系,合伙创业也要谈钱。一旦钱的分配出现偏差,朋友关系就会受到影响。所以说,好朋友明算账一点儿不假。

事实证明,这世上许多关系都需要靠钱来维系,所以你既要谈感情,又要谈钱。当今时代,那种"只谈感情,不谈钱"的原则已经站不住脚了。

【颠倒成功学】

传统观念奉行的"感情比金钱重要"的原则正在日益受到挑战。还是那句老俗话说得好:"钱不是万能的,但没有钱是万万不能的。"当今社会,既要谈感情,又要谈钱。钱和感情是建立每种关系不可或缺的两种因素。如果只注重感情,而不谈钱,往往什么事情都办不成。

"财迷"不一定是坏事

【当事者说】

刘辉向来对"财迷心窍"的人嗤之以鼻。然而,天公并不作美。他的女友王雯就是一个"财迷"。刘辉和女友一起,听到她最多的言论是"钱是万能的,要想尽办法去赚钱"。在生活中,王雯也是"见钱眼开",只要是能赚到钱的事情她都去做,她甚至还会从垃圾箱里捡废饮料瓶去卖。刘辉先前读了不少的书,书中都贬低财迷。无疑,女友这种做法,在刘辉看来是不可思议的。

【颠倒评判】

传统观念认为,财迷是贬义词,以至于许多文人墨客认为"金钱如粪土","财大伤身"等等。不知道这种有失偏颇的观念,戕害了多少人的心灵。事实证明,当今时代,只有真正的"财迷",才会去追求财富,才会在获取财富方面取得辉煌的成就。

美国石油大王洛克菲勒可谓"铁杆财迷",他从小就有发财梦想,他从四五岁开始就帮助父母干一些力所能及的活,每次干完活都向父亲要一些报酬。他还将各种劳动都标上价格:给父母做一顿早餐能得到10美分……洛克菲勒长大些时,他的父亲就不给他零花钱了。但是,这并没有难住"财迷心窍"的洛克菲勒:家长不给钱,我就凭能力自己去赚。于是,洛克菲勒就来到父亲的农场帮他劳动,他帮助父亲挤牛奶、拿牛奶桶,并将这些劳动分别记账,将每一个细节都用钱来量化,同时他将父亲交给他的活都记在账本上，到了一定时候，就和父亲结算一笔钱。每当这时，父子俩就会针对账本上的每一道工作完成情况来讨价还价，也就时常会为一项细微工作而争吵。因为，哪怕是一分钱，洛克菲勒都看在眼里。

洛克菲勒6岁的时候，他看到自己房子周围有一只火鸡在走动，过了很长时间也没人来寻找，于是他便将那只火鸡捉住，交给了失主，失主奖赏他10美元。

有了这次经历，洛克菲勒的胆子越来越大了，他的设想也在不断丰富。没过多长时间，他就将从父亲那里赚来的50美元贷给了附近的农民，并定下了利息和归还日期。那时，他去讨要，结果收回54美元。这件事使当地的农民感到他很了不起，这样小的孩子竟有如此好的商业意识。

正是这种"财迷"的想法，使洛克菲勒为获得财富而不断努力，最终成为美国有名的"石油大王"。

金钱是我们生存的保障，同时也代表着我们的自信与尊严，所以大胆地追求财富并不是一件坏事。有些人由于缺少生活磨炼，不知道钱的重要性，有些人反而认为贫穷是一种风度。随着时代的发展，这种观念已经失去了它存在的价值。一个人活着，最起码要吃饭，要穿衣服，要受教育，这都需要钱来完成。

从某种意义上说，一个人的贫富，与他对金钱的态度息息相关。所以，要赚钱，一定要当"财迷"，要积极地去追求财富。

美国"钢铁大王"卡内基曾经说过："贫穷是无能的表现。"这样讲或许有些绝对，但现实生活就是随着年龄的增长，一系列的责任都会伴随而来，钱在生活中越来越不可或缺。所以，应该改变那种"抵制财迷"的心理，要建立对金钱的正面看法。

有一个人很喜欢赚钱，甚至达到痴迷的程度，虽然很早以前，他就成为了富翁。很多人在傍晚，都会去报摊买一份晚报，他也是这样，不过他要看的是股市收盘信息。他说："在有些人热衷于研究享乐的时候，我却喜欢研究如何赚钱。"

有人和他调侃："你已经是富翁了，还每天这样辛劳地赚钱干什么？"

他回答："凡是我想要的而又能够用钱买到的东西，我都能买到。"

他不是贪得无厌的人，不是仅为金钱而奋斗的人，他喜欢的只是游戏的感觉，每一次投入资金，能够通过自己的智慧赚很多钱，那个过程充满了艰辛，也充满了刺激和新鲜，他喜欢的就是这个过程。

真正有追求的人并不是为了享受赚钱后的辉煌才去做生意的，他们享受的是赚钱的过程。明白这点，你就不难理解，为何那么多富翁在拥有丰厚的财富后，依然在为追求财富而奔波着。

人喜欢与接受他的人在一起，钱也是如此，你不断地想它不好、排斥它，它就不会来找你。而如果你热爱钱，也会积极追求它，就能大量地获得财富，从而改变自己贫穷的命运。

【颠倒成功学】

"天下熙熙，皆为利来；天下攘攘，皆为利往。"趋利原是人的本质。所以，那种贬低"财迷"的观念很不客观。这个社会，只有"财迷"才能无止境地追求财富，无止境贡献社会。你纵然抱着安贫乐道的旧观念，仍然是个穷光蛋，关键时刻没有钱仍然解决不了问题。所以，丢掉鄙视金钱的面具吧！"君子爱财，取之有道"，大胆地追求金钱没什么不好。

有些声讨"拜金主义"者却是拜金人

【当事者说】

　　老张受传统观念的影响,一直认为金钱是肮脏的、罪恶的,所以他对金钱不屑一顾,也不主动去赚钱,以至于手头空空。他看到街头的小贩,总会露出鄙夷的神态;他在报纸上看到有的年轻人创业获得了财富,便会责骂他们财迷心窍……总之,谁在追求金钱,他就视谁为"仇人"。常言讲得好,人有旦夕祸福。一次,他的老伴夜晚睡觉突然中风。老张携老伴到医院治疗,医院让他带10万元办住院手续,老张哪有这么多钱呢?无奈,他只得东借西借,在遭到亲友的白眼后,老张才觉得金钱是重要的。

【颠倒评判】

　　老张的思想是受"金钱是肮脏的"这个传统观念影响的,以至于认识不到金钱的重要性,也不积极去追求金钱,在关键时刻才碰到了困难。古代一些自命清高的文人墨客,经常推崇"金钱是万恶之源,金钱是肮脏的"这种理念,毒害了许多人的心灵,使他们对财富有偏见,不去积极地追求财富。这样,只能使自己越来越穷。

　　人活在世上是离不开金钱的。钱对推动人类进步与发展起着不可替代的作用,它是满足人们物质和文化生活所不可缺少的元素。常言讲得好"一分钱难倒英雄汉"。商品经济时代,钱的作用越来越重要。于是,社会上就有了"有啥别有病,没啥别没钱"的至理名言,由此看,一切行为都在向"钱"发展。

有些人认为金钱是万恶之源，这个偏见使得许多人失去了获得更多财富的机会。而实际上，钱不是万恶之源，缺乏金钱才是万恶之源，正如著名经济学家马歇尔所说："穷人的的祸根就在于他们的贫困。"纵观社会上一些偷偷摸摸，甚至犯法的行为，他们都是因为没有钱才步入歧途的。金钱本身是没有罪的，人对"钱"的意识才是善与恶的根源。

有些人认为贫穷是纯洁的，金钱是肮脏的。贫穷，从本质上来看，并不比富有纯洁，不管从心智、情绪或者从物质环境来讲。事实上，金钱能够帮助人将事物变得纯洁一些。有些人的贫穷似乎与纯洁扯不上关系。并非说一个穷人必定不纯洁，一个富人不可能不纯洁。而是说，一个人纯洁与否和他拥有金钱的数量并没有太大的关系。

有些人认为有钱人很势利。有些有钱人势利，有些穷人势利。有些有钱人踏实，有些穷人踏实。势利之心与金钱没有必然关联。

有些人认为赚钱会很辛苦。人生充满辛苦的工作，比辛苦工作更糟糕的事情就是无聊。我们不辛苦一点，得到的会是无聊。要想实现一个梦想，不管什么理想，都需要辛苦。不过，达到目的后，辛苦便会被成功的喜悦冲淡。宁可辛苦追求自己的梦想，也不要只知拿钱而协助别人追求他们的梦想。

有些人常说金钱不是一切，对，金钱不是一切，但它是能使我们更接近我们梦想的唯一东西。

犹太人是世界上最会赚钱的民族，他们以赚钱为荣。与中国人的"教育从娃娃抓起"一样，犹太人认为"赚钱从娃娃抓起"。在犹太家庭里，孩子们得不到免费的食物，任何东西都是有价格的。所以，每个孩子都要学会赚钱，才能获得自己想要的一切。

犹太富翁比尔·萨尔诺小时候生活在纽约的贫民窟里，他有六个兄弟姐妹，全家仅靠做小职员的父亲的微薄收入来维持生计。每月他们只有将钱进行精确的计算，才勉强度日。

比尔永远忘不了他15岁那年，父亲将他叫到身边说："小比尔，你已经长大了，要自己来养活自己了。"听了父亲的话，小比尔一下子觉得自己成为大人了。

比尔点了点头。父亲继续说："我辛苦了一辈子也没有给你们攒下什么钱，但我希望你去赚钱，这样才有希望改变我们贫穷的命运，这也是我们犹太人的传统。"

比尔听了父亲的忠告，于是开始从商：他从做推销员开始，然后做零售商、批发商。仅三年时间，他就改变了全家的贫穷状态；五年后，他们全家搬离了那个贫穷的社区；七年后，他们竟然在寸土寸金的纽约买下一套大房子，他还拥有了自己的事业。

对待金钱的态度直接影响着一个人的心境，一个人的心境直接会影响他的幸福。钱，并不是万恶之源，过分地、自私地、贪婪地爱钱，才是万恶之源。通过光明的手段去获得金钱是正当的行为。

金钱使人们能够从事许多有意义的活动，对财富的向往曾经带动了世界经济的发展。从这个角度讲，金钱是有益的。努力去追求、创造财富，尽可能地为社会创造价值，是每个人的职责所在。传统的思维只有在传统的时代里才是合适的。现今，我们应该有新的观念——富有并不是罪恶，富有意味着成功。

【颠倒成功学】

当今时代，金钱就像氧气，没有它，我们就不能生存。金钱虽然不能解决所有的问题，但是没有钱肯定会使更多问题无法解决。当然，我们不做金钱的奴隶，我们只想让它对我们的生活有所帮助，帮助我们在生活中获得自己想要的。

你不主动伸手，没人硬塞给你钱

【当事者说】

　　韩佳是一家民营企业的市场调研员，将他比作职场中的老黄牛一点儿不过分。他每天任劳任怨地工作，为了做出成绩，他付出了很大的努力。在他的工作意识中，好像从来都没有"休息"两个字。经常是下班后，公司其他员工都离开办公室，他还坐在办公桌上津津有味地工作着；其他员工周六周日去玩，他却去调研市场。功夫不负有心人。由于韩佳付出了很大的努力，他给公司承揽了一个项目，给公司带来了一定的收益。遵照常理，韩佳这么优秀的员工，在公司里应该拿很高的工资了。可是，韩佳的工资并不高，只能勉强维持生计。韩佳也想使自己的工薪提高，他心想：自己的努力和成绩，上司都看在眼里，相信他会主动给我加薪的。于是，韩佳在默默地期待着上司主动为他加薪。然而，半年过去了，上司并没跟他提加薪的事。

【颠倒评判】

　　在韩佳看来，自己的努力和成绩只要看在上司眼里，毋庸置疑，上司就会给自己加薪的。他认为，是人才总不会被埋没，总会有价值的。但是，事实正好相反，仁慈慷慨的老板或许有，但是遇到的几率可能跟你走在街上被原子弹砸中脑袋的几率差不多。事实上，无论是加薪还是讨债，都要靠自己大胆去争取、去要。

美国职场心理专家对世界500强企业中的377家调查，调查结果发现，除了例行公事的年终加薪，虽然72%的老板不会在平时为员工加薪，但仍有54%的员工获得过"非常规加薪"。前提是你必须主动提出加薪要求。职场心理学家一再提醒，"只要好好表现，公司会多给我钱"是员工一厢情愿的幻想，在真正的职场厮杀中，劳方和资方永远处于对立关系。

小说《杜拉拉升职记》中，杜拉拉初到DB的时候只知道埋头苦干，上司给自己加了一点点工资她都高兴得不行，真是职场幼稚病的极品病例。好在她觉悟得快，想出了对策才化解了危机。

杜拉拉是怎样升职加薪的呢？在我看来，她有一点把握得非常好，那就是心平气和、有理有据地"谈"，而不是心急火燎、急功近利地"要"。好的薪水是挣来的，更是谈来的。光干活不拿钱不是精英是白痴，为了薪水吵得脸红脖子粗也不是精英是暴徒。真正的职场精英都是"谈判"的高手，谈判的内容就是让老板为自己的劳动力出个合理的价钱。

老板凭什么给你薪水？最直接的因素就是你能够为企业创造效益，你有优秀的工作绩效。没有哪个老板会养闲人，能干活的人才有饭吃。所以，你得先干，干出成绩来，然后再谈。如果你年薪10万，开口跟老板要到15万，老板一定要问你："你凭什么要那5万？给个理由先！"

一般比较容易加薪升职的职员要具备3V和10心，3V即有战略眼光（strategy vision）、有价值（value）、能够创造成功（create victory）；10心即有爱心、热心、责任心、上进心、耐心、关心、恒心、奉献心、包容心和平常心。

你把自己各方面的条件综合一下，就要开始跟老板谈判了。只要不背离单位的薪资总体水平，选择加薪升职的时机可以有以下几种：其一是与上司约时间，其二可以通过发电子邮件，其三在汇报里表明期望。

跟老板谈薪水是职场人必须做的一件事，也是必须做好的一件事。这是一门艺术，一门学问。做苦工不拿钱不是精英是蠢材，领导会觉得你"不值钱"，不懂得捍卫自己的权益。

不仅加薪需要主动争取，讨债也要主动去争取。当今社会不是有一句话嘛，"借债的是爷，讨债的是孙子"，别人欠你的钱，你主动向他要，也许他还推三推四，不愿还你。如果你不向他要，他更装傻充愣了，天长日久，你的讨债梦只能"石沉大海"。

有一位做小百货批发的老板老刘，将价值5万元的货物发给某地一家超市。货赊出三年多，还不见超市的货款。老刘心想，如果不亲自跑一趟去要账，钱就要打水漂了。于是，老刘特意来到那家超市讨债。老刘见到超市经理郭某，向他谈及归还欠款的事情。郭某却一再说自己生意不景气，他让老刘过些日子再来。老刘心想，这笔债已经欠了三年多了，如果再拖延，就没有还款的希望了。于是，老刘把心一横，这次无论如何也得要到这笔账。

于是，老刘每天都坐在那家超市里，死缠硬磨。郭某回家，老刘也跟着他回家；郭某出去买东西，老刘也跟着他……过了三天，郭某不耐烦了，他觉得如果这次不给老刘欠款，他会纠缠不停的，这样会影响自己的工作与生活。于是，他便将欠老刘的货款一次付清了。

老刘讨债的方法虽然不算灵活，但也是被逼无奈的。试想，如果老刘不主动讨债，郭某会将欠款送到他手里吗？可以想象，如果老刘不追讨欠款，天长日久就可能会失去这笔钱。

事实证明，有追求财富的梦想，不敢伸手去要，那是空想。只有大胆地去伸手，不放弃获得财富的机会，不放弃本应属于自己的财富，成为富人的梦想才会变成现实。

【颠倒成功学】

时代变了，人心也在变。过去人提倡的"奖优罚劣"、"欠债还钱，天经地义"等说法很难兑现了。在职场上行走，做出了成绩，想让上司为你加薪。如果你不开口要求，上司一般是不会轻易对你许诺的。另外，别人欠你的债，你不主动去要，也甭想他能痛快给你。因为人心都是自私的，没有谁喜欢将自己口袋的钱掏出来送人，哪怕是应该给的。所以说，要想得到财富，必须主动伸手，据理力争。

如果没有远大志向，就踏踏实实赚钱

【当事者说】

陈亮是一个生性淡泊的人，可以说他没有什么远大的理想。当人们谈及开创事业、创造财富的话题，陈亮总认为那是有远大理想的人才能做的事情。所以，他从来不敢想象自己能够做出一番事业。可是，最近发生在他身边的一件事情，使他疑惑不解。他的邻居小王连初中都没读完，也从来没有说过自己有远大的理想。可是，小王却通过做水果批发生意发了财。陈亮很纳闷：难道一个没有理想和追求的人，也能实现财富梦想吗？

【颠倒评判】

生活中有些人和陈亮的认识一样，他们认为那些有远大、高尚理想的人，才能够成就一番事业，才能使自己活得充实。其实，在现实生活中，即使没有远大的、高尚的理想，不想做名人、伟人、成功人物，只想做一个普通的老百姓，但你也要想办法让自己活得更富足、更幸福、更有尊严。而这一切，是可以通过"踏踏实实赚钱"来实现的。

张芳毕业后，由于没有找到理想的工作，也没有什么远大的志向。所以，她决定务实一些，踏踏实实地赚钱，从而实现自己的财富梦想，使自己的人生更充实。

有一次，她走在路上，发现上班的人们回家时，许多人都顺便在路上购买一些馒头、大饼，由于生活节奏不断加快，自己动手做面食的人逐渐少了。于是，张芳瞅准了这条路子，她便向亲友借了8万元，购进了一套生产设备，并花3000元租下四间旧房，聘请了几位下岗职工，开办了一家馒头加工厂。

一个女人办企业，说起来容易做起来难。买面粉、蒸馒头，她每天不到四点就要起床，一直忙到晚上8点多，一天下来经常累得腰酸背痛。

由于张芳做的馒头口感好、价格低、分量足，所以她的馒头店顾客盈门，开业第一年就赚到了3万多元。在蒸、卖馒头的同时，张芳还广泛听取顾客的意见，先后增加了花卷、包子、糖三角等多种产品，生意越做越大，也越做越红火。

获得成功、拥有财富是每个有志之士的渴望。但是并非每一个人都有远大的、高尚的理想。即使空有远大理想，和自己的现实不相符，也是枉然。如果你没有远大的理想，要想获得财富、获得成就，最好从踏踏实实地赚钱开始。

有许多平凡的温州人，他们没有遥不可及的理想，而是踏踏实实地赚钱，最后获得了财富。温州商人很能吃苦，他们既能当老板，又能睡地板。即使生意已经做得比较大了，温州商人仍然会像创业初期一样努力工作。那些看似没钱可赚的小生意，温州商人也不嫌弃。几分钱的螺丝、螺帽，几毛钱的小元件，他们都会好好对待，将小生意当做事业来做。温州商人在积累财富的过程中非常有耐心，不企图一夜暴富。倘若看准某项业务，他们就会扎下根来，踏踏实实地从小事做起、稳稳当当地从小钱赚起，这也是他们成功的必要条件。

有些大学生毕业后，并没有什么远大志向，或者说那些志向都不容易实现，他们会对自己的前途一片茫然。其实，如果你没有远大的理想和志向，最好的出路就是去赚钱，通过赚钱去实现你的财富梦想与人生抱负。

1982年，张璨考进了北京大学，就读国际政治系。在大学里，张璨的梦想是当一位出色的外交官，一位女大使。但是，在读大三时，张璨却被告知，她的学籍已被注销，原因是3年前张璨曾考上了某大学，但她没有去报到，第二年又考上了北大。按当时的规定，有学不上的考生必须停考一年。

1986年7月，同学们毕业了，许多人被分配到中央国家机关当干部，张璨十分羡慕。她自己也完成了学业，却因为没有文凭，学校不负责她的分配。

工作没有着落，张璨一离开校门就开始在中关村到处找工作。她鼓励自己说："不分配工作也许会更有前途，因为自己面对的机会会更多。"

有一天，她带着推荐信，到中关村的一家公司求职。路上碰到了大学同学，同学对她说："你为何不自己干一番事业呢？"

一句话提醒了张璨，既然我的理想不能实现，何不去踏踏实实地赚钱呢？她和几个伙伴从沈阳一家国有大公司的仓库里，以几百元的价格购买了一卡车的印刷纸板、油印机、油墨等印刷设备。对于张璨来说，这车"破烂"的意义重大。

她倒腾了两天，才将那些宝贝运到北京。经过清洗、整理，这些东西一下子竟卖了5万元。

不过，张璨真正的第一桶金是做电脑。当时做电脑在中关村还没有品牌要领，电脑的品牌概念应该说是她们推出来的。

她将目光瞄准了当时发展快速的计算机市场，她注册了一家电脑贸易公司，她给公司命名"达因"。那时的达因公司，很小，也很弱。但正由于小，才能得到广大的发展空间。因为张璨的聪明、机敏和踏实，她的公司后来成为美国康柏公司在中国的总代理。到1994年，达因公司向国内客户提供了10万台康柏电脑。1995年，达因公司又向房地产市场进军。1996年，达因集团公司建成显示器生产厂，每年的出口额达到1亿美元，内销达两三亿人民币。

如今，达因公司已成为拥有40多家分公司、净资产上亿美元的大型集团公司。

可见，许多普通人虽然没有远大的理想，或者理想不能实现，但是他们通过赚钱实现了自己的人生价值。所以说，没有远大的理想并不影响你成就的取得，踏实肯干的精神同样能使你获得财富，实现人生的价值。

【颠倒成功学】

很多人走向社会,没有良好的家庭背景,又没有远大的理想,或是由于各种原因,理想不能实现,但是他们并没有放弃努力。他们选择了创业,通过赚钱来实现自己的人生价值,最终同样站在成功者的行列中。可以说,赚钱也是充实人生的一种渠道。所以说,如果你不想做名人、成功人物,只想做一个普通的老百姓,就从赚钱开始,为自己积累财富和人生经验吧!